U0381348

青豆家教馆

专业、细致、科学的育儿方法

劳拉博士
有问必答

搞定父母问得最多的
72个问题

【美】劳拉·马卡姆博士 Dr. Laura Markham 著　聂传炎 译

上海社会科学院出版社

目 录
Contents

第二部分　好习惯养成

第三部分　情商培养

第四部分　父母的挑战

第五部分　家有二宝

平和式育儿法——
当代父母最需要的理念和方法

养育孩子，就意味着让他们茁壮成长。然而，即使那些愿意舍弃自身需求，甚至舍命保护孩子的家长，在面对育儿的艰辛时，也会感到不知所措——

养育孩子，不仅意味着全天候的陪伴，还要处理各种扑面而来的问题，诸如孩子生病、受伤、发脾气、不听话、兄弟姐妹争吵、面对失去亲人的痛苦，以及每个家长迟早都会面对的任性、幼稚或无礼的儿童行为。父母自己也处于各种抓狂，面对各种担忧或烦躁。更难的是，我们每天都会面对新情况，却并不知道对策。

本书从父母平时提出的数百个问题中，精心挑选出 72 个大家问得最多，也最具代表性的问题，我尽力为大家提供详尽的解答，希望读者能从我的分析中，知道这些问题的原因，并借助我提供的方法，给予解决。无论你是即将为人父母，或是孩子已经出现各种情况，希望你都能在这本书里找到答案，得到支持和帮助。书中还有一个章节专门谈到了兄弟姐妹的问题，包括如何让孩子准备好迎接新的弟弟妹妹，以及如何让他们适应新宝宝降生以后的生活。

需要说明的，孩子的问题层出不穷，这些问题的答案只是给你提供大致思路，使你在面对各种育儿问题时能摸索出自己的方法。这些方法被称之为"平和式育儿法"，它以大脑发育、情感依恋和儿童发育的最新科研成果为根据，尊敬父母的本能和直觉，因此它也是常识性的科学育儿方法。通过本书最具代表性的 72 个问题和答案，希望父母能够基本掌握这一育儿理念和方法，成为更出色的家长。

平和式育儿法建立在三大理念之上。

首先，身为父母，我们需要控制自己的情绪。任何父母都无法做到始终心平气和，因为我们都是凡人。但是，如果我们受到自身情绪的支配，心里难受时大发脾气，孩子就会认为，成人就是这样解决问题的。曾几何时，孩子会发自内心地尊敬父母，但在现代社会中，孩子会受到许多影响。他们仍然想要尊重父母，但他们需要父母为他们树立榜样，积极活出自己的价值，这样才会赢得孩子的尊敬。当我们无法控制自己的情绪并大吼大叫时，我们就失去了他们的尊重。孩子会从我们身上学习到如何管理自己的情绪，所以，当我们保持冷静、寻求对策，而不是指责时，孩子也会学习这样做。他们的大脑会发育得更健康，他们会更加自律和坚韧。如果孩子能够管理自己的情绪，他们就可以管理自己的行为。因此，平和育儿意味着，我们的家中不会鸡犬不宁，而是洋溢着满满的爱。

其次，育儿，最重要的就是家长和孩子之间温馨的良性关系。"认为父母喜欢自己"可能是儿童发育的最重要的因素。孩子与我们关系亲密时才会接受我们的引导，所以情感纽带是让孩子与你合作的最佳途径。出于这个原因，平和育儿法认为，80％的育儿工作是培养情感，只有20％的工作是指导。你无须做某些特殊的事情来建立和巩固亲子关系，事实上，每次互动都在建构亲子关系。这是好事，也是坏事。购物、拼车和洗澡的价值，不亚于面对问题时的严肃谈话。孩子不想分享自己的玩具、睡觉、做功课？你的处理方式，将会为长久的亲子关系，以及他对人际交往的看法奠定基础。

最后，平和育儿法并不试图控制或惩罚孩子。相反，它认识到孩子想做好人，也想做好事。孩子调皮捣蛋，是因为他们感到难受，或需求没有得到满足。所有行为都受到情绪的驱动，所有的孩子都需要引导和限制。当孩子觉得我们理解他们，并帮助他们消除难受情绪时，他们就更乐意接受我们的引导。因此，平和育儿法会训练孩子，帮助他们克服负面情绪，这样他们就会从亲身经验中受到启发，下次做得更好。要实现这个目标，作为父母，我们就需要体谅孩子，尽量从他的角度来看待事情，即便在我们确定界限的时候。

平和育儿法可能并不轻松。当我们想要吼叫或咆哮时，我们很难控制自己；生气时，很难心平气和地说话；疲倦时，很难有耐心，也很难亲近孩子。但这样做是值得的。因为研究表明，平和育儿法会培养出高情商与高智商兼具的优秀孩子。

你希望家中更加和平，充满欢乐、耐心和乐趣吗？你想培养出可靠而体贴的孩子，让他蓬勃发展并实现全部潜能，并且你每天都乐意与他相处吗？你想不再惩罚孩子吗？你希望自己是世界上最幸运的父母吗？这些你都可以做到。这本书将告诉你如何做。

值得注意的是，这本书不会教导你如何成为超级父母；相反，它只会教导你如何体谅自己的缺陷，从而给予孩子更多的爱。我们常常感到压力重重，想要将家中安排得井井有条；或者每晚都赶着安排丰盛的晚餐，想要以此证明我们是很好的父母。做这些事情可能是值得的，但它们与育儿无关，因为如果你能让孩子心情愉快，也许他宁愿吃非常简单的晚餐。这本书会介绍育儿过程中真正重要的事情：你的内在状态，以及你与孩子之间的关系模式。

因为我们都是凡人，我们的父母也是凡人，所以我们都背负着包袱，这限制了我们。通常，直到有了孩子，我们才会修补这些伤口，想要养育出健康的孩子。我们渴望为孩子竭尽全力，这就是无与伦比的机会，让我们去愈合、成长和绽放。

采取新式育儿法刚开始可能会让人感到不知所措，你可以从以下这些方法入手：

● 每天做一个积极的小变化。寻找帮助（比如阅读这本书），为自己加油。起初，你会看到小小的变化，倾筐之土迟早会筑成九层之台。

● 当你犯下错误时（你会的，如果你是凡人的话），要充分体谅自己，向孩子道歉，并向理想的目标迈出积极的步骤。即便前进两步再后退一步，你最终也会实现目标。

● 想象相安无事并且充满爱意的家庭生活是怎样的；注意你和孩子的感情亲近了多少；孩子开心了多少，听话了多少。

● 保证采取平和育儿法。下面10项"保证"将帮助你成为更好的父母，也会帮助你变得更加快乐。

1. 保证照顾好自己并且保持冷静

照顾自己并保持冷静，这样，你就可以变得更快乐、更有耐心，成为鼓舞人心的人。孩子需要这样的家长。这意味着你在日常生活中要进行持续的自我培育：提前睡觉保证休息充分，饮食健康保持良好体魄，将内心的负面情绪转变成正面情绪，放慢节奏享受生活的乐趣。最重要的是，努力管理好自己。当你的情绪失控时，你就会处于"战斗"或"逃跑"模式，此时，孩子似乎就是你的敌人。在和孩子互动之前，先让自己冷静下来。

2. 保证在相处时努力爱孩子

我们都知道，感到被爱和被珍惜的孩子才会茁壮成长。被关爱的孩子，父母都爱他们，但并不是所有人都能茁壮成长。只有当孩子感到我们按照他们的本性关爱和珍惜他们时，他们才会茁壮成长。每个孩子都是独特的，因此，关注和爱护每个孩子的方式是不同的。作为父母，我们难就难在按照孩子的本性接纳他们：接纳他们的缺点和所有东西，无条件地珍惜他，同时要引导他的行为。秘诀在哪里呢？那就是，从孩子的角度出发，正面看待问题，庆祝每个小小的进步。

3. 保证亲近孩子

分离是难免的。正是因为这个原因，我们需要常常亲近孩子。请记住，高质量的亲子时光是需要亲近孩子，而不是教训他，所以，它基本上是轻松自由的。每天早上做的头件事情就是拥抱你的孩子，和孩子说再见时再次拥抱他。当天再次团聚时，要花 15 分钟时间心无旁骛地陪伴孩子。你在这 15 分钟做什么？倾听、体谅、拥抱、打闹、大笑、耐心地倾听。晚餐前不再工作，这样，你就可以在晚上专心陪伴家人。共同吃晚餐。每晚睡觉前，和每个孩子单独聊会儿天，安静地搂抱着他们。

4. 保证树立尊重他人的榜样

想让孩子直到十几岁都能体贴和尊重你吗？那就做个深呼吸，然后礼貌得体地和他们说话。当你生气时，这样做并不容易。所以，记住面对孩子时管理自身情绪的基本原则：你是他的榜样、不要往心里去、这些都会过去！

5. 保证培养孩子的情商

除了示范情绪的自我管理方法外，我们还要帮助孩子学会管理自己的情绪：

　　● 教他们学会自我安慰。和你可能已经听说过的育儿理论相反，任由孩子哭泣并不能让他学会自我安抚（这只会让其杏仁核变得过度活跃，让他在日后表现出恐慌）。任何曾经尽力让自己冷静下来的人都知道，安抚是个生理过程。当我们在婴儿哭泣时安慰他们的时候，他们的身体就会释放出催产素和其他有安抚作用的生物化学物质。你会看到他们冷静下来。在生理上来讲，他们在为产生这些具有自我安抚作用的激素去强化自身的神经通路。正是通过这种方式，孩子学会了在难受时安抚自己。

　　● 让孩子明白，他们的各种感情都是情有可原的，即便他们的行为必须受到限制。

　　● 体谅他们的情绪。

　　● 当他们需要表露情绪时，聆听他们。诉诸于语言，有助于孩子学会表达自己的感受——"你非常生气。"但更多的时候，当孩子们哭泣或愤怒地发泄情绪时，他们只需要我们充满慈爱地陪伴他们，从而给予他们安全感。他们往往无法清楚地表达自己为何难受，也没有必要让他们这样做。但是，这能帮助孩子学会接纳和面对自己的情绪，这样，他们就能克服这些情绪，而不会意气用事（这就是"发泄"的含义：当情绪淹没我们之时，我们意气用事，而不仅仅是容忍他们）。

6. 保证找出孩子行为背后的需求

无论孩子做了什么惹你不高兴的事，背后都是有原因的。你可能认为这个理由并不恰当，但它确实在刺激着他的行为。大吼大叫不能纠正行为，关注根本需求，我们才能改变他人的行为。如果父母们关注问题的本质，事先主动满足孩子的需要（"嗯……似乎她想自己决定穿什么衣服，即使它们不合身！"），孩子就会乐意合作。

7. 保证引导而不是惩罚

孩子的行为有时是为了取悦我们。如果我们不断地批评和惩罚他们，他们就会变得冥顽不灵。如果父母们通过慈爱的榜样以身作则，关注其需求而非不良行为，事先主动加以引导而非惩罚（"你可以在外面扔球。"），体谅地为他们设置限制（"你很生气，很伤心，但我们不能打人。我们可以开口告诉弟弟，让他知道你的感受。"）。最终，孩子就会变得自律，乖乖听话。

8. 保证分清主次轻重，满怀感恩

保持积极的心态，并选择你的战场。与孩子的每次消极互动都会消耗宝贵的情感资本。将精力集中在重要的事情上，比如他是怎么和兄弟姐妹相处的。要从大局考虑，孩子将夹克扔在地板上可能会惹你生气，但并不值得你将亲子关系的银行存款变成亏空状态。要感激他做的每件让你喜欢的事情，然后你会发现，他会做更多类似的事情。

9. 保证完全接纳自己并体谅自己

想要在心中感受到更多的爱吗？那就爱自己吧！爱是一种行为。是的，爱完全是不可控的——但给予爱会让我们产生更多的爱意，感受到更多的爱。我们心中能够容纳多少爱，我们就能给予孩子多少爱。去吧，拓展你的心灵吧。每次感到难受的时候，无论如何都要爱自己。你会惊讶地看到自身生活的变化。

10. 正确认识事物

当然，你的孩子会犯错，你也会。没有完美的父母，没有完美的孩子，也没有完美的家庭。但有些家庭会弥漫着深深的爱意，每个人都能在其中茁壮成长。要建造这样的家庭，那就要在日常抉择中，朝这个目标努力，此外别无他法。只需要你付出辛勤的努力，不断调整航向，驶向正确的方向。如果你寻找它，你总能找到这样的路标和帮助，让它们召唤着你度过更丰盈的人生。只要始终坚持不懈就行了。不经意中，你就会发现自己置身全新的风景之中。

愿中国家长能从这里的 72 个具体问题以及答案出发，学习平和式养育法，收获全新的育儿体验，孩子也因此获得更好的成长。

劳拉·马卡姆博士（ *Laura Markham* ）

2016 年 5 月

第一部分　父母早知道

1

哺乳能提高孩子的智商吗?

亲爱的劳拉博士:

是否有研究证明, 哺乳会提高孩子的智商?

母乳妈妈

当然! 最近的科学研究表明, 哺乳能将孩子的智商提高 2%-5%。不过, 很多研究人员认为, 这是因为学历更高、更富裕的女性更可能给婴儿哺乳, 他们的孩子在脑力测试时分数更高。这可能是源于阶级和教育优势, 而不是母乳哺育所造成的。

哺乳的妈妈们还提出了下面这种受科学家们支持的常见理论, 那就是: 哺乳意味着更深厚的母子感情, 这种感情能促进孩子的智商。

最近的研究成果还表明, 除了感情、教育和收入等能促进智商外, 母乳本身就具有重大的作用。

这个大型研究项目首次排除了母子感情、哺乳方式、教育、收入、出生体重、母亲吸烟, 乃至于出生顺序等因素。排除这些因素以后, 母乳喂养的婴儿智商仍然比奶粉喂养的婴儿高出 3% 还要多。

婴儿的大脑在出生以后的第一年会迅速发育，这为日后的智商、情绪情感，以及自制能力奠定了神经基础。这种大脑发育取决于婴儿所摄取的食物。鉴于人类的祖先在生命的最初几年都以母乳为食，人类大脑的发育已经适应了母乳中的营养物质，并对其产生了依赖性，所以我们说母乳是促进婴儿大脑发育最好的物质之一。

　　如今许多专家觉得，尝试用奶粉哺育婴儿变得普遍，这可能会产生难以预料的后果，尤其是我们的社会才刚刚了解到母乳的养分。尽管人们很久以来就知道母乳中的某些成分对大脑发育非常重要，但婴儿奶粉中仍然缺乏这些成分。何况母乳中还有我们不知道的各种其他成分呢？我们的科学还需要花很长时间才能赶得上自然之母！

劳拉博士

2

到底能不能用奶嘴安抚婴儿?

亲爱的劳拉博士:

　　我的孩子是母乳喂养的,请问可以给他用奶嘴吗?

波琳达

波琳达:

　　美国儿科学会最近发表报告指出,孩子在满周岁以前睡觉时吮吸奶嘴可以防止婴儿睡得太沉,降低婴儿猝死综合征(SIDS)的风险。

　　然而,许多母乳哺育专家对此表示质疑。事实上,睡在母亲身旁喂养母乳已经证明具备预防婴儿猝死综合症的效果,因为这样婴儿更容易醒来。在发明独立的婴儿室和婴儿床之前,人类可能都没听说过婴儿猝死综合症。

　　另外,大多数母乳哺育专家强调,经常喂奶是提供优质奶水的最好方式。婴儿在夜间吃的奶水占到了每天所摄取食物的1/3,因此,夜间使用奶嘴来安抚啼哭的婴儿会减缓婴儿体重的增加,还有可能使母亲患乳腺炎和奶水变少。

情感专家也担心，婴儿的啼哭原本是想亲近妈妈，奶嘴可能会取代母爱。

即使奶嘴会影响母乳哺育，甚至可能破坏母子感情，但我仍然建议妈妈们可以考虑使用奶嘴。我觉得，对妈妈们来说，过于教条或武断是不好的。我们知道，每个孩子都是不同的，有些孩子远远比同龄人更需要吮吸来获得安慰，即便是及时哺育母乳的婴儿也会吮吸他们的指头。

劳拉博士

3

刚满月的宝宝不抱就哭，该怎么办？

亲爱的劳拉博士：

　　刚满月的孩子应该隔多久睡醒、精神饱满并开开心心呢？我刚满月的孩子要么就睡觉、吃奶，要么就哭哭啼啼，想要大人抱。如果刚满月的孩子无法利用大量时间在游戏垫或摇篮中独自玩耍，这是正常的吗？

丽萨

亲爱的丽萨：

　　对所有孩子来说，许多行为都是正常的——刚满月的孩子不是睡觉吃奶就是哭闹，或者想要大人抱。许多发展专家将孩子生命的头 3 个月称为"第四季孕期"，意思是说孩子其实还没有完全准备好在 9 个半月时出生，但是由于他们的脑袋已经长得很大，自然母亲就引导他们稍稍提前降生了。这意味着孩子人生的头 3 个月会花大量时间来睡觉和吃奶，如果不被大人抱着，他们就会啼哭。

　　不幸的是，我们没有袋鼠妈妈那样的育儿袋。但对出生头 3 个月的孩子来说，婴儿背袋是极其有用的。襁褓也是很好的工具，能够给孩子带来子宫的感觉。通常情况下，只要你能够营造类似于孩子在子宫中的氛围，就能安慰你的孩子。

从发育的角度来讲，满月的孩子的确可以在游戏垫或摇篮中待上片刻。他们可以探索自己的四肢，锻炼自己的颈部肌肉，并广泛地接收外界的信息。你会惊喜地看到，当你将孩子放下来以后，不需要你的帮助，他们就会非常积极地和外界互动。

但大多数孩子并不喜欢被放下来很久。这源自人类的基因优势，因为在人类早期，当婴儿被放在不安全的地方时，他们有可能会被野兽吃掉！正是由于这个缘故，他们离开大人的怀抱就会哭闹，因为他们没有安全感。但渐渐地，他们会变得成熟，即便离开大人的怀抱也会感到很安全。同样的原因，你越是经常抱着孩子，他们就越不会哭闹。

别担心，你的孩子很快就不想被你抱着了。与此同时，尽情享受"第四季孕期"的快乐吧！

劳拉博士

4

为什么两个月的孩子动不动就哭？

亲爱的劳拉博士：

　　我两个月大的女儿很爱哭。这完全不是因为肚子痛，因为她很快乐，非常爱笑。可是，无论是换尿布、换衣服，还是刚把她放下来一分钟，或是把她放在车上……总之，眨眼间她就能从笑脸变成哭腔，哭得伤心欲绝。她这么哭是因为精神上受了创伤吗？怎样才能安抚她呢？

一位焦虑的母亲

　　婴儿通过哭泣来表达他们的痛苦并渴望获得帮助。当你安慰你的女儿的时候，她的身体会作出反应，分泌出催产素和其他具有安神作用的生物化学物质，你会看到她安静下来。而在她的体内，这些具有安神作用的激素会强化她的神经通路。她知道帮助唾手可得——有人在保护她，帮助她调整自己。她不必恐慌，她可以信任这个亲切的宇宙，以便满足自己的需求。她开始培养积极的人际关系模式，让自己感受到温暖、安全和爱意。

　　最终，这将帮助她学会在面对不快时变得更加从容，并在心烦意乱时冷静下来。

　　你的女儿肯定非常敏感，因为这么多事物都会让她大哭不止，而到两个月大时，很多孩子都早已适应了这些事物。她属于那种不喜欢变化的孩子。她可能总是觉得有些难以适应变化，但是，这个困难时期不会持续太久，因此，何不每天尽量减少她的不快呢？

　　许多孩子大部分时候都需要被抱在怀中，片刻不离妈妈身边。你的女儿似乎就是这样。所以，简单的答案就是，她想让你知道，她片刻都不想离开你的怀抱。尽量用背袋背着她。通常情况下，这会营造足够的安全感，这样孩子就会更加适应其他的变化。总之，在此期间，不妨尽量多抱着她。

　　当然，有些时候，你必须将她放下来更换脏尿布，你必须开车带她去见儿科医生，必须给她换衣服而身旁也没有人可以帮忙。在这些时候，当她哭泣时，她受到精神上的创伤了吗？答案是：即便你暂时没有抱着她，你的声音也可以抚慰她，营造那种"抱着她的氛围"。

　　我知道当孩子伤心欲绝时，很难将他们哄好。重要的是通过这种体验来鼓励自己，提醒自己"你是个好妈妈并在竭尽全力"。

　　最后，我向你保证，你的女儿很快就会请求你将她放开，以便她能将家里弄得乱七八糟，这个日子的来临会比你想象得更早。在那个日子来临之前，就将她紧紧抱在怀中，享受这些美好的感情吧。

劳拉博士

5

4 个月大的孩子会做噩梦吗？该怎么避免？

亲爱的劳拉博士：

我女儿 4 个月了，有时候她会在半夜大声哭喊。当我急匆匆地跑进她的房间，将她抱起来哄她时，她还没醒，昂着脑袋，仿佛在梦游……但是过了片刻，她就不哭了。我想知道，4 个月大的孩子会做噩梦吗？或者说，她梦到了什么，以至于吓成那样？怎样才能防止这种事再次发生呢？

尼古拉

亲爱的尼古拉：

对，4 个月大的婴儿也会做梦，和我们没啥两样。大多数梦境都可能是在学习和体会白天的经历。她可能是在体验她出生时的经历，或者让她感到痛苦但你却没有觉察到的其他经历。例如，醒来以后哭着要你抱，但你正在洗澡，所以没有对她做出回应。

4 个月大的孩子会感受到很多东西。只要她的大部分经历是美好的，环境就能为她营造出安全感，她就会克服遇到的每种适度的痛苦。她可能需要在你怀中哭泣，或者在梦中体验它。

根据你的描述来看，这其实更像是夜惊，而不是噩梦，因为她并没有立刻醒来，并没有对你的安慰做出反应。

夜惊和梦魇是不同的。梦魇是可怕的梦境，它发生在快速眼动睡眠阶段（REM，又称作梦睡眠）。而夜惊则发生在第四阶段的深度睡眠之中，或者说发生在从第四阶段进入快速眼动睡眠阶段的过渡期。出现夜惊的时候，根据脑电波来看，睡眠者实际上是在熟睡之中，即便他的眼睛是睁着的！大多数时候，睡眠者都回想不起这些梦境。

夜惊可能发生在任何年龄阶段，但似乎以年幼的孩子最为频繁。据说高达 15% 的儿童都会体验到夜惊。科学家们认为，夜惊可能是由于控制大脑活动的中枢神经系统过度兴奋所导致的。大多数孩子都会随着大脑不断发育而消除夜惊现象。

那么，你应该如何照顾孩子呢？

1. 自己先平静下来。尽可能地安慰她，让她安心。

2. 尽量减少她生活中的压力。确保她不会听到父母的大嗓门或承受其他的情绪压力。尽量不要更改日程安排，晚上尽量待在家中。

3. 不要让你的小孩子过度疲劳。要确保她按时睡眠，并确保充足的睡眠时间。每晚稍稍提前让她睡觉是很好的保护办法。稍稍提前睡觉不仅能够帮助孩子更容易在夜间入睡，也能减少过度兴奋的可能性。

4. 从事让孩子安心的睡前例行活动，包括洗澡和拥抱。每晚都坚持这样做，这样她在睡觉时就会更放松。我建议不要让你的女儿自个儿哭着入睡，这会让她在睡眠中更容易受到过度刺激。

5. 对于容易夜惊的儿童来说，发烧也能够诱发夜惊。

6. 要确保你的孩子没有被意外惊醒。有证据表明，夜惊是由于在第四阶段的深度睡眠时（如果已经有了这种倾向）被惊醒造成的。汽车喇叭声、电视或电话的噪音如果干扰了她的睡眠，就可能会惊醒她。你可以购买白噪音器来预防这种情况。

7. 不要将夜惊的孩子强行弄醒。这会导致她变得极其迷茫，有时候甚至会让她暂时失忆。

祝好运。也祝你和女儿都能做个美梦。

劳拉博士

6

"亲密育儿法"是否太过了?

亲爱的劳拉博士:

我刚看完你网站上关于"亲密育儿"的内容。既然你欢迎那些不完全赞同你观点的人发表意见,我决定花点时间来给你写信。

我读到的亲密育儿相关内容都在反复强调,所有的父母都应该:几乎总是带着他们的孩子,在2岁以前用母乳喂养,同床睡觉,至少在6个月以内全部哺育母乳,永远不要让孩子啼哭。父母如果做不到,就可能会伤害到孩子。

我认为,比起"亲密育儿"支持者的看法,适度地做到前面几点也许更有意义。我们和所有亲密育儿实践者同样爱我们的女儿,我们所做的与他们也没有太大差别。我们正在学习何时为她确定界限,何时顺着她。她长得很结实,总是笑个不停。她是个可爱而快乐的孩子。我想,当我们决定不采用"亲密育儿法"的时候,我们并没有伤害她。

祝好!

英格里德

英格里德：

　　非常感谢你花时间写信给我，讲述你们的故事。你的女儿似乎很容易接受睡觉训练，她学得很快。她睡得很好，我为你感到高兴，我也相信，能够睡个好觉让你成为了更棒的妈妈。

　　我知道你非常爱你的女儿。我确信你明白，20 世纪的很多传统育儿建议，包括药物止痛接生法、用奶瓶喂奶、让孩子哭泣以锻炼他们的肺部以及打孩子，都会对孩子造成很大的伤害。我们研究得越多（现在已经有很多），就能越清楚地知道：当父母采用你提到的基本方法（经常抱 / 背着孩子，母乳喂养至孩童期，与孩子同睡，大约 6 月以后再喂固体食物，不任由孩子哭泣）育儿时，孩子会极大地受益。你的孩子还小，所以你没有提到管教的事情，但我得告诉你，任何惩罚性的管教都是有害的。

　　然而，育儿是门艺术，每个孩子都是不同的。好的育儿方法会满足孩子的需求，无论是在 5 个月大的时候想要吃固体食物的需求，还是被父母抱在怀中的需求。我认为，孩子愿意离开父母怀抱的时候，就不必抱着他们，事实上，我认为他们需要俯卧时间，来学习如何运用他们的肌肉。我还认为，每个孩子都各不相同，敏锐的父母会回应他们孩子的独特需求。因此，我不认为有什么铁定的规则是所有父母都必须遵守的。我当然也不认为家庭生活应该围绕着孩子转。我认为养育出色孩子的基本原则就是，带着爱意确定界限，这意味着我不是那种害怕确定界限的亲密育儿父母。

　　谢谢你花时间和我交流。所有的父母都会从这些问题的真诚讨论中获益。非常感谢！

劳拉博士

7

手机软件可以用来安抚婴儿吗？

劳拉博士：

你怎么看待为新生婴儿设计的手机软件？某家软件公司说，他们的手机软件是专门用来安抚新生婴儿的，并利用反差很大的图形和声音来刺激早期的大脑发育。这些说法有科学依据吗？互动模式观看屏幕，对新生婴儿安全吗？

一位疑惑的父亲

看过这个公司的宣传资料以后，我就知道，它旨在迎合每个父母想要让婴儿尽早成长的愿望。"这款手机软件既能安抚婴儿，又能教给他们知识"，这听上去很诱人。但我无法明白，它如何能同时做到这两点。对任何有机体来说，最重要的需求就是安全感，当有机体感到紧张时，它就会关闭认知系统。因此，啼哭的婴儿很可能会觉得反差很大的图形和声音令人讨厌，因而会哭得更厉害。

如果婴儿确实因为某种新奇的声音或图形而不再啼哭，这可能是因为他被吓住了，并担心，他可能应该更加留意，以免有什么危险。换句话来说，如果它当真止住了婴儿的啼哭声，这不是因为它让婴儿安静下来了，而且，如果婴儿熟悉了这种刺激，它就再也不会有效。因此，我们不要指望这种软件能够像公司网站所说的那样安抚婴儿。

另外，这种手机软件是否能够更好地刺激大脑发育？新生婴儿准备好要生存下来，这意味着他们准备好要有所依恋。所有的学习最初都源于这种依恋感。与父母互动能够提高他们的智商。即便是新生婴儿，在每次与父母互动时，他们其实也会增加词汇量，并强化智商的其他要素。因此，如果你想刺激孩子的大脑发育，那么，最好的办法就是与孩子互动。

通过与孩子互动，孩子的大脑发育就能获得这家公司所说的全部益处，而你不用为此花费分文。而且，孩子的收获要多得多，获得他们原本就应该获得的东西——他们会了解到情绪，并形成安全的依恋感。孩子的依恋以及我们与孩子之间温柔的情感互动，不仅仅决定了他们的情商，也会大大地影响他们的智商。

每个专家都建议不要让 2 岁以下的婴儿观看屏幕。婴儿生来就应该通过某些方式来学习，但屏幕是不属于他们的学习方式。

我知道家长们很忙碌。但是，为孩子殚精竭虑的家长们需要认识到，除开他们本人以外，他们的孩子不需要其他。技术只是亲情的廉价替代品。

劳拉博士

8

怎样让孩子接受保姆？

劳拉博士：

　　我是个单亲母亲，儿子现在8个月大，一直由我自己带，但我很快就要上班了。我已经找到了满意的托儿所并制定了计划，以便让他顺利适应。但与此同时，我要到外地出差两次，届时，我会带着他，但其中一天需要找人临时照顾他。也就是说，他将跟完全不认识的人待上一整天。我对此很担心。以前，我试过让临时保姆照顾他两个小时。但是，当意识到我不在时，他非常伤心。

　　谢谢！

一位单亲母亲

　　你和儿子必须经历这种事，我感到很难过。你的儿子整天都由素不相识的人陪伴着，他自然会感到害怕。孩子离不开我们。当我们不在的时候，需要找个能够让他们喜欢的可靠人士。

　　因此，可以设法让他和临时保姆事先见个面吗？以便他对这个人感到放心。

当然，对你来说，上策就是带上你孩子熟悉的临时保姆，即便你可能不得不为她购买机票。我在面临类似情况时就是这样做的。既然你要出差两次，所以我建议你采用这种做法。这似乎有点劳师动众，但是做到这点以后，你会非常高兴。这会让你放开手脚，专心从事自己的工作，也能给予儿子必要的信心，不会因为这两次分离而在未来患上分离焦虑症。

中策就是将孩子放在家里，由他的祖母或他熟悉并信任的其他成人来照顾他。这样的话，虽然你和孩子分开的时光会更长，但至少他会待在熟悉的环境里。

再其次就是事先和临时保姆视频通话。这不太像见面，但聊胜于无。

最后，要确保你挑选的临时保姆亲切并富有爱心，不会因为儿子的哭闹而生气。如果她能够抱着他并体谅他的伤心，他会觉得更加安全。如果她坚持要转移他的注意力，甚或任由他在婴儿车中哭泣，这就会大大加剧他因为看不到你而产生的痛苦。

当然，要知道，在这几次分离以后，你的儿子可能会更难以适应托儿所，因此，你要慢慢来，不能操之过急。

劳拉博士

9

我要上班了，应该给孩子断奶吗？

亲爱的劳拉博士：

　　我的女儿昨天刚刚满周岁。我将回到工作岗位上去。问题是，我女儿不喜欢正经地吃饭。她整天随时都会吃东西，每天吃奶超过6次。我需要给她断奶，以便我能够回去工作，并让保姆照顾她。我试着让她使用吸管杯，但她不感兴趣。你能帮助我吗？

一位母乳妈妈

　　我觉得你不必给女儿断奶。你的目标仅仅是让她愿意通过哺乳以外的其他方式摄入营养。如果能够哺乳的话，很多孩子在这个年龄很少吃固体食物。我知道，当他们不愿意用杯子或奶瓶的时候，这会让人感到着急，而且你需要离开很长时间。但你女儿是不会让自己挨饿的。当你不在家的时候，她最终会因为太饿而摄入食物的。

　　我还想补充的是，当你白天不在她身边的时候，她晚上可能会长时间吃奶。这在部分程度上是为了进食，在部分程度上是因为依恋你。刚满周岁的孩子需要妈妈，当我们整天不在他们身边的时候，他们会非常想念我们。我知道，你会忍不住想要给她断奶，但在她逐渐适应你不在她身边的过程中，哺乳对她是个很大的安慰。如果你能够等过一段时间再给她断奶，并在她晚上吃奶的时候更有耐心，这将有助于她适应这个巨大的转变。

祝福你们！

劳拉博士

10

怎样帮助丈夫适应新爸爸的角色?

劳拉博士:

你好!

我和丈夫有个两个月大的儿子,我们都是第一次当父母。我的丈夫一直在说,在孩子 1 岁半之前父亲不必和孩子经常交流,在那之前,抚养孩子都是我的责任。虽然我完全可以独自承担照顾孩子的职责,但我觉得这样对儿子不公平。我认为,父子关系非常重要,我是在单亲家庭长大的,对此感触尤为深刻。

我丈夫在情感上对我和孩子都非常冷漠。他一直是这样的人。之前他说,他觉得等到我们的儿子出生以后,那堵墙就会拆毁。但显然没有,在儿子出生之后,他并未比以前更加敞开心扉。

很多朋友告诉我,"新生婴儿的爸爸需要花些时间才能适应父亲的角色。"我感到很沮丧,因为我并没有时间调整,但我认为我做得很棒。我想知道,婴儿的爸爸们需要多长时间才能适应父亲的角色?

所以我有以下几个问题:

1. 他说孩子在 1 岁半之前不必与父亲建立亲密联系,这种说法正确吗？

2. 我丈夫的情感壁垒是否有可能打碎？我们曾尝试接受婚姻咨询，但没有用。

3. "新爸爸"阶段会延续多长时间？

4. 他希望我独自照顾儿子、料理家事、承担家庭开支，这公平吗？

我知道你很沮丧。你所遇到的麻烦并不罕见，但它们都很严重。夫妻如何处理这些问题，将影响到他们的婚姻质量，甚至可能影响婚姻的长久性。

1. 你丈夫认为孩子在 1 岁半之前无需与父亲经常交流，这完全是错误的。研究表明，父亲越早与孩子经常交流，在孩子早期生活中，父子或父女的关系就越亲密。众所周知，1 岁半的孩子尤其难缠。在婴儿期与孩子疏远的父亲，更难在孩子 1 岁半的时候耐心地与孩子相处。而且，如你所说，孩子需要与父母双方都有交流。如果他们没有这种交流，他们就会始终认为，是自己有什么问题，所以爸爸不爱他们。那种被拒绝的感受将会在他们的人生中挥之不去。最后，与孩子比较疏远的父亲通常会后悔他们错过了与孩子相处的机会。幸运的是，你两个月大的孩子将要开始向他的父亲微笑了，而且是就连最刚硬的心灵也无法抗拒的那种微笑。

2. 你丈夫的情感壁垒是否可能破碎？人总是有成长的可能性，但首先必须有成长的意愿。既然你的丈夫告诉你，等到儿子出生后，就会打碎那道壁垒，他肯定曾经希望那样。我敢说，他既感到释然，又感到失望。你说婚姻咨询不起作用，如果你们能找到合适的治疗师，而且你丈夫对此有兴趣的话，治疗可能对你们还是有用的。不要放弃治疗。并没有太多打开心灵的其他方法。

我猜想，你希望丈夫与你有更紧密的联结，并对儿子投入更多情感。

这需要你具备很大的耐心，并愿意拥有更亲密的关系，而不是指责他无法或无意建立亲密关系，你或许能够促使他敞开心灵。随着时间的流逝，很多男人的确会在婚姻中丧失激情。如果他知道，研究人员发现最好的性爱出现在妻子觉得与丈夫关系亲密之时，他可能会因此受到鼓舞。

3. 我猜你所说的"新爸爸"阶段指的是很多新爸爸感到慌乱的阶段。他们通常会嫉妒妻子在孩子身上投入的大量注意力，并对失去亲密关系而感到伤心，但他们不能表达这种感受。有时候，他们觉得自己像是个无用的电灯泡。他们也常常为承担家庭责任而感到焦虑。为了照顾那个小人儿，需要做那么多的事情，而这最初似乎并没有带来大的收获，这让他们感到意外。

为此，很多新爸爸的反应是，逃离家庭，沉迷于工作。如果妈妈能够不指责他们（这是她感到被抛弃和忽略时的自然反应），而是在他现身的时候表示感激，"新爸爸"适应期就会缩短，爸爸们会愿意回家并与家人交流。总而言之，当爸爸们习惯了"我是个爸爸，同时也仍然是我自己，世界并未毁灭"的想法之后，慌乱阶段就会消退。

4. 他希望你独自承担照顾儿子、料理家事、维持家计的责任，这是否公平？哦，谁知道什么是公平呢？我想每对夫妻都有不同的处理方式。

在过去，很多妈妈的确需要负责照顾孩子和料理家务，但现在已经不再是必须由妈妈理家带孩子、爸爸挣钱养家的时代了。如果女人也需要分担养家赚钱的责任，那么就没有理由让她们在孩子尚年幼的时候承担全部家务。

我个人认为，男人如果认为带着两个月孩子的女人还能处理其他事务，那真是不可理喻。有这种想法的人肯定从未独自照顾过孩子一天，否则他就会知道，这比他所做的大多数其他工作都艰难得多。带孩子是 24小时无休的工作，非常累人，它需要你付出全部的体力、情感和才智。没有理由认为，仅仅因为女人在家带孩子，她就得完成清扫房子、做饭、整理文书之类额外的事情。这不仅会影响她照顾孩子，也会让女人精疲力竭，成为不再美丽动人的妻子。

你朋友认为爸爸们需要花点时间去适应父亲的角色，这种说法是对的。因为在将新生婴儿抱在怀里以后，妈妈们就不可能真正拥有这种奢侈的待遇，这无疑显得很不公平。但生活本身就不公平。

不过生活也充满了各种可能性。我觉得你得借此机会考验考验自己的谈判技巧。我的建议是，你应该和丈夫谈谈，让他收起自己的私心。如果他希望儿子喜欢他，他就得喜欢儿子。如果他想吃一顿丰盛的晚餐，他就需要帮厨。如果他希望妻子对他有兴趣，他就得帮助照顾孩子，让她有时间睡觉。我希望你能拥有耐心、爱、出色的沟通技巧，以及好运！

劳拉博士

第二部分　好习惯养成

1

如何调整孩子吃奶的习惯?

亲爱的劳拉博士:

　　4个月以后,我儿子要上幼儿园了。到时候他刚好2岁。可是,他在家吃母乳次数很多,有时候每隔10或20分钟就要吃,而且白天和晚上睡觉的时候,他都要吃着奶入睡。如果不给他吃奶,他能连续哭上几个小时。

　　我在发愁,怎样让他做到白天不吃奶,并能自己睡午觉呢?

斯卡莱特

斯卡莱特:

　　你的孩子需要知道,在幼儿园是不可能有奶吃的。如果你能够让他在白天不吃奶就睡着,他肯定更容易适应这种转变。

　　你的首要任务是通过其他亲切的方式与他建立联结。首先,你可以用毛绒玩具假扮不吃奶就入睡的场景,以便他理解你的意思。然后,你可以直接向他解释,他不能再在睡觉的时候吃奶了,但你会拥抱他(你要全心投入地拥抱他),并承认他深深的悲痛。他会哭泣和发怒,但情况会逐日好转。到了某个时候，他会翻个身就能睡着。当然，他很可能会因为吃不到母乳而感到恐慌，所以要准备在其他时间多喂几次奶。

我要补充的是，每隔 10 或 20 分钟就要吃奶，这表明他吃奶可能是出于情感原因。他可能哪里疼——在长牙齿？但几乎可以肯定的是，如此频繁地吃奶是出于情感上的需求。可能是因为困倦，但更可能的是，他通过吃奶来抑制自己的不安情绪。这或许能够解释当他不能吃奶的时候为何会哭上几个小时，因为他不能通过吃奶来抑制情绪，难以承受这些情绪。所以，如果他经常哭，你就得记住，他真的需要将这些眼泪和恐惧释放出去，你需要鼓励他哭出来。

祝你好运！

劳拉博士

2

如何给会用杯子喝水的孩子戒奶瓶?

亲爱的劳拉博士：

我女儿 16 个月大，还在使用奶瓶。她会用杯子喝果汁和水，但如果我将牛奶装在杯子里，她喝几口后就会把杯子丢掉。所以，最后我还是得把牛奶装在奶瓶里给她喝。要不是因为她非常瘦，吃饭的时候基本上只吃几口，我是不会用奶瓶给她喂奶的。为了让她长胖点，我恨不得买小安素之类的东西给她喝。我该怎么做才能让她用杯子喝奶呢?

丽萨

亲爱的丽萨：

你女儿在告诉你，她认为牛奶和奶瓶是分不开的，所以，她没兴趣用杯子喝奶。

要实现孩子用杯子喝奶这个目标，最好是循序渐进，并始终爱她。硬生生地拿走孩子的奶瓶，这对孩子们来说是个巨大的失落。

有很多循序渐进的方法，它们基本上都需要限制孩子使用奶瓶的次数，从而改变孩子的行为模式。换句话说，不要让她拿着奶瓶乱跑，限定她只能在特定的地方使用奶瓶。要着手消除奶瓶与睡眠程序之间的关联，以免她抱着奶瓶入睡。你可以先让她用奶瓶喝奶，然后给她刷牙，然后再用音乐或摇晃等方式哄她入睡。

但我认为最好的方法是，通过给牛奶兑水，让她逐渐对奶瓶失去兴趣，与此同时，你可以逐渐让她用杯子喝牛奶。

具体方法如下：

尝试用与奶瓶相似的软奶嘴杯子。你女儿仍然会拒绝用杯子喝奶，所以刚开始你得让牛奶的味道和正常的有所不同。这只是暂时的。逐渐地，你要将牛奶冲调成普通的正常牛奶。你可以加上少许天然食用色素，让牛奶变成她喜欢的颜色。但这只是权宜之计。要非常兴奋地将杯子给她。除了牛奶以外，不要用这个杯子装任何东西。在她用杯子喝奶的时候，要抱着她并依偎在她身边，陪她玩耍。这样她就会觉得，杯子也能带来奶瓶给她的舒适感。等她经常高兴地喝"特殊牛奶"的时候，开始减少色素的使用量。有机会就尽量多使用这个杯子。

同时，要稀释奶瓶中的牛奶，这样牛奶就会越来越稀。花 1 个月时间，非常缓慢地完成这个过程。最终，你女儿会用杯子喝奶，用奶瓶喝水。

当然，要坚持在吃饭时间给她吃"真正的"食物，让她学会吃饭喝水 / 奶。最终，你也必须让她戒掉用杯子喝奶。到那时候，只需要把奶嘴稍稍剪短，让她无法像以前那样吮吸，奶瓶就更像个杯子了。但这个转变过程非常漫长。

你还有另一个选择，即不要这种花招而让孩子戒掉奶瓶，同样也需要循序渐进：

最开始要将她使用奶瓶的次数限定为每天几次。如果你女儿在其他时间也想使用奶瓶，你要以理解的口吻告诉她现在不能使用奶瓶，并给她杯子。如果她不要杯子，要温柔地承认她现在不想要杯子，而想要奶瓶。再次告诉她现在不可以使用奶瓶，并告诉她何时才能使用奶瓶。如果她抗议和哭叫，要理解她的感受。

如果她在哭泣的同时，愿意让你抱着她，那就再好不过了。让她在你温暖的怀里发泄有关奶瓶的不安情绪，这有助于她更快地克服对奶瓶的依赖。

在特定地方使用奶瓶。当你女儿习惯于每天只在特定时间使用奶瓶以后，你就可以限定她，只能在特定地方使用奶瓶。你也可以随时在她用杯子，而不是用奶瓶的时候拥抱她。此外，你必须培养新的、与奶瓶无关的固定习惯，以便在她痛苦或困乏的时候安慰她。

在戒掉奶瓶的过程中，关键在于你全程支持你的孩子，并采用循序渐进的方式，这完全是可行的。

祝你好运！

劳拉博士

3

怎么才能让幼儿在餐桌吃饭?

亲爱的劳拉博士:

孩子在家吃饭时不肯坐在餐桌旁,总是吃吃停停,跑来跑去。怎样培养好的进餐习惯呢?将他们捆在椅子上是最好的做法吗?可以让孩子将泰迪熊或其他玩具带到餐桌旁吗?两三岁的孩子通常应该在餐桌旁坐多久?就餐时可以看电视吗?家长应该强迫孩子吃东西吗?(比如,"你必须再吃五口饭才能去玩。")怎样采用最温和的方式让孩子们吃饭?

一位母亲

这个问题问得很好,因为每个家长都希望全家人吃饭时气氛融洽,高高兴兴,孩子能够摄入足够的营养。但是3岁孩子很少(2岁孩子则更少)能够在餐桌旁安安静静地待1分钟。孩子不肯坐在餐桌旁吃饭的主要原因就是:我们不允许他们吃吃停停,但幼儿们吃吃停停是很正常的。2岁孩子的生物钟和成人不同,很容易吃饱,大多数孩子都觉得坐在餐桌旁看别人吃饭是很无聊的事情,他们想要去玩耍。

我绝不会为了让孩子坐在餐桌上吃饭而将他们捆在餐椅上。如果你想轻轻松松地吃饭，并希望孩子情感发育正常的话，不要这样！我觉得家庭首先要明白其目标。是保证孩子的饮食健康呢？是让他们习惯于和家人共进午餐和晚餐吗？是让全家人在每天晚上都能融洽地相处吗？你所说的目标是让孩子乖乖吃饭，不让家人感到紧张。我们认为，任何让孩子感到紧张的做法本身都会让家长感到紧张，所以要放弃这样的做法。

　　你可以和年长的孩子共进家宴，要求他们注重礼仪并交流各种事情，但这显然很难适用于幼儿。因此，我的建议是：幼儿还在发育过程中，无法像年长的孩子那样吃饭，但他们很快就会长大。现在不要让他们讨厌吃饭，以免他们长大以后无法和你们开开心心地用餐。

　　孩子们嚷饿的时候，那就是饿了。很少有孩子会等到 6 点钟再吃饭，很少有成人会在 6 点钟以前吃饭。因此，孩子想吃饭时就让他吃，然后在大人吃饭时让他在身旁吃些可口的东西（比如切好的水果、加有少许香草的热牛奶，或抹有花生酱的饼干）。当然也要让他吃些大人的食物。这样他就不会感受到吃饭的压力。他仍然有机会和父母互动，并开始有家庭聚餐的意识。

　　他可能不想在餐桌旁待 5 分钟以上，但这是正常的发展阶段。在他长大以后，他会愿意陪家长多坐会儿，因为他每餐饭的食量开始变大，同时，他觉得餐桌的交流很有趣。

　　关于吃饭时看电视。研究表明，吃饭时看电视的孩子不太会留意食物。如果你读书给他们听，他们就会在吃饭时盯着食物。如果看电视的话，他们就不会这样。这会养成吃得过饱的坏习惯。如果你让他在家人聚餐时看电视，这就达不到用餐的目的。

　　关于吃吃停停的问题。幼儿吃吃停停极有好处，因为他们的肠胃功能很弱，需要持续不断地获得热量。幼儿们吃饭时要少吃多餐。不要强迫他们吃东西，只要反复提供相同的食品即可。慢慢地，他们会开始尝尝。通常，他们对新食品至少要接触 10 次以后才会尝尝它们。要以身作则，表明你多么喜欢吃蔬菜，并让他们知道，等长大以后，他们的味蕾也会更成熟，就会喜欢这种美味的食物了。

不要执着于食物摄入量。孩子们不会让自己挨饿。事实上，许多幼儿摄入的卡路里都超过所需。保证孩子的营养均衡要重要得多，这样，他就不会拼命吃（喝）牛奶和碳水化合物，否则他会缺铁；摄入的维生素 A 和 C 也远远不够。40% 的幼儿都会挑食，从营养上来讲，重点不要放在正餐上，因为此外还有许多进食机会。限定吃饭时间对孩子并不好。你整天都有机会让孩子摄入均衡的营养，你的任务是提供健康食品，吃多吃少则是孩子的事儿。任何其他做法都会导致孩子饮食失调和与你形成对抗，如果你和他较劲，你永远都赢不了。

如何让孩子待在餐桌旁呢？大多数幼儿都很"忙"，喜欢自主行事。即便他们很饿，也很难打断他们，让他们到餐桌旁吃饭。需要提前告诉孩子各种安排，包括吃饭。餐前提醒孩子几次可能会大有好处："嗯，你可以暂时玩玩火车，但你得知道，我们半小时以后吃饭。""晚餐快准备好了，我们 15 分钟以后吃饭。"等等。

有时候，即便提醒过孩子，孩子也很难停下手头的事情到餐桌旁吃饭。不要强迫他坐在餐椅上，尽量将这个过程变得很有趣。例如，可以玩"给我惊喜"，问儿子他能不能爬到自己的餐椅上。当他说能的时候，表示不相信，他会赶紧这样做。或者和他比赛："我敢肯定，你和我能够赶在爸爸前面坐在餐椅上。要不要比比看？"或者，假如你的儿子在玩飞机，你可以假装成空姐，说："飞机在 5 分钟以后开始登机。请走到门口。""所有持票乘客请现在登机，拿出票来。"然后，在你上饭上菜的时候，再次假装成空姐。

可以让孩子将玩具带到餐桌上来吗？管理幼儿的诀窍就在于掌握好平衡，既要给予他选择权以免他觉得自己在受人摆布，又要确定恰当的界限让他感到放心。因此，我觉得，可以让幼儿挑选某件安静的玩具带到餐桌旁，从而给予他某种控制权，这不仅从长期来看是有益的（没有对抗，等他长成青少年时就不会消极易怒），从短期来看也有好处，这绝对能让你的儿子更加听话。

因为餐桌对孩子来说太高了，有点让他不习惯。他可能觉得坐在椅子上的加高坐垫上有点危险。他的游戏被打断了，他又被抱到椅子上，这让他觉得有点受人摆布。大人叫他坐着别动，这又违背了他的天性。他想要触摸和玩食物（他就是通过这种方式来探索世界的）的天然欲望也会受到阻挠。他的父母经常说些他听不懂的话。他们经常督促他尝尝他觉得不放心的食物（婴儿挑食与物种进化有关，他们只吃熟悉的食物，觉得不熟悉的食物可能有毒）。

而泰迪熊是个多么可靠而可爱的朋友和同伴呀！孩子可以摆布泰迪熊。如果他对豌豆心存疑虑，可以首先让泰迪熊冒险替他品尝。这可是个双赢的对策！

让吃饭时间变得有趣。研究表明，孩子们成长到 5 岁之时，就知道自己应该行为得体（但这并不表明，他们始终会这样做！）。你可以想象得到，孩子会搞得乱糟糟的、在餐桌旁坐立不安、把玩食物、含着饭菜说话，有时候不使用刀叉。不要担心。你的目标是让孩子吃饭时感到轻松愉快，对吗？要重视你们之间的联结。

显然，两三岁的孩子不是最好的沟通对象，但为了让全家人都能开开心心地吃饭，你可以关注他几分钟，问些非常具体的问题："今天晨圈活动时谁坐在你身边呀？老师讲了什么故事呀？你们出门玩时有没有停呀？"。这比问"你在日托过得怎么样？"要更有用。

不要老是想着他在吃什么（记住，要提前让幼儿吃饭）。尽量不要提醒他注意就餐礼仪，要让吃饭时间变得愉快有趣，让他可以待 10 分钟。

应该让两三岁的孩子在餐桌旁待多久？只要两三岁的孩子乐意坐在餐桌旁，想待多久都行。说实话，如果你想家人轻轻松松地吃饭，为何要违背孩子的意愿，强迫他坐在餐桌旁呢？为何让孩子和你无谓地较劲儿呢？为何要让他讨厌吃饭呢？我个人觉得，如果他们在你身边坐上 5 分钟以后再离开，这就够了，这样的话，夫妻就可以在这段时间里相视而笑，享受这段时光而不必谈些家庭琐事！当然，要确保孩子在家中的安全，并让他们待在附近。

重要的是，要让孩子坐在餐桌旁并乐于待在那里。但要保证他们当天已经摄入足够的营养，不会饿着肚子走到餐桌旁，这样就能减少你的压力。要给予他们健康的食物，吃多吃少则由他们自己决定。几年以后，你们可以在家庭晚餐时进行愉快的交流。而现在，则让他自己决定何时离开，并享受他的成长时光吧！

劳拉博士

4

如何帮助孩子吃健康食品——尤其是蔬菜？

劳拉博士：

　　我有两个孩子，年龄分别为 2 岁和 4 岁。你能推荐什么方法，确保孩子每天吃下 5 份水果和蔬菜吗？应该什么时候给他们吃呢？如果他们将食物吐出来，我们要坚持让他们继续吃吗？如何既尊重他们的愿望，同时又确保他们不挑食，不将食物中的蔬菜挑出来呢？谢谢！

　　　　　　　　　　　　　　　　　　　　　两个孩子的母亲

　　我是个心理学家，不是营养学家，但我发现，心理学有助于让孩子学会健康饮食。孩子之所以拒绝尝试新的食物，是因为新食物可能有危险。换句话说，如果孩子任何新东西都愿意吃（冒险型进食者），那么他们通常无法存活下来并将基因传给后代。

　　大多数幼儿和很多学龄前儿童都不喜欢吃大杂烩——也就是说将各种食物混杂起来。有些喜欢这样，但大多数不喜欢。我认为这是源于自我保护机制，以便确保他们不会无意之中吃进去有毒的东西。所以大多数孩子更喜欢将蔬菜和面食等其他食物分开，他们会将蔬菜挑出来。

1. 坚持给孩子提供蔬菜水果。研究表明，为了让孩子吃新的食物，最重要的是要将这些食物摆在他们面前。换句话说，即便他们前三次都不吃盘子里的莴苣，第四次他们可能会吃。最终，他们几乎肯定会品尝。如果你坚持给他们提供很多蔬菜，你的孩子就会吃蔬菜。我认为，如果你始终给他们提供水果，孩子会喜欢吃水果，只要不让他们摄入过多的糖分即可。父母预备什么食物，孩子就会吃什么。

如果孩子实在不喜欢某天晚餐的某种蔬菜，那么，为什么不允许他们那天晚上吃别的蔬菜呢？我个人的看法始终是，如果他们不喜欢某种蔬菜，那么，可以用新鲜胡萝卜代替。胡萝卜很有营养，大多数孩子都喜欢吃（对于 2 岁的孩子来说，你需要确保他进食过程中的安全）。还有个简单办法，就是冷冻的豆子。很多孩子喜欢吃冷冷的东西。所以如果他们不想吃甘蓝，你可以很方便地给他们弄些豆子。但要记住，孩子们还小，他们不需要吃下整份的食物。

2. 5 份水果蔬菜 = 三餐的蔬菜水果 + 白天的蔬菜零食。如何让他们吃 5 份水果和蔬菜呢？如果你晚餐的时候总是提供至少一份蔬菜和一份沙拉，而且你总是用水果做甜品（或者，如果你在特殊场合准备了点心，可以在上点心之前上水果），这样孩子们晚餐的时候就会至少摄入两份蔬菜和一份水果。而且早餐和午餐始终可以搭配水果。

至于另外那份蔬菜，为何不让他们在白天当成小吃来吃呢？如果餐桌上没有意大利面或者孩子们钟爱的晚餐食品，他们就会更喜欢吃蔬菜。我认为，最适合在下午 4 点孩子们觉得饿的时候，给他们吃蔬菜。芹菜棒蘸花生酱是孩子们喜欢的小吃。烤地瓜非常有营养，撒上少许盐以后就是很棒的零食。切碎的红椒或南瓜棒甚至都不需要蘸酱。大多数孩子喜欢烤蔬菜，它们冷却到室温以后很好吃，所以，在准备晚餐时，多准备点烤蔬菜，然后在平时给孩子们当零食吃。

3. 烹饪时将蔬菜"藏"在其他食物中。网上有很多这种食谱可以参考。我总是在意大利面酱中放入若干碎菠菜，在起司通心粉里加入若干冬南瓜。孩子们喜欢这些菜的味道，随着他们渐渐长大，他们就会接受你这些可口的私房菜。

4. 不要强迫孩子吃某种食物。我认为，你可以让他们尝尝某种食物的味道，但如果他们不想吃，甚或直接吐出来，那都是他们的权利。换句话说，我永远不会坚持要孩子吃某种他们想要吐出来的食物。根据我儿时的个人经验，那样做的话，他们几乎肯定会永远讨厌那种食物。

5. 研究表明，通过"奖励"的方式让孩子吃蔬菜，只会适得其反。这只会让孩子觉得，蔬菜肯定很难吃，否则的话，我们也不必奖励他们吃蔬菜了。

你基本上可以放心，大多数孩子最终喜欢的食物，都接近于他们成长过程中经常吃到的食物。所以你自己要享受健康饮食，这样你的孩子最终就会效法你！

劳拉博士

5

喂母乳的孩子半夜总是醒来，怎么办？

劳拉：

　　我 7 个月大的孩子现在经常在夜间醒来（通常是想吃奶）。从 7 周到 140 天左右，她都整夜不醒，但此后，就突然会在半夜醒来。现在，她有时候每隔 1 小时就会醒来。她和我睡在一起，现在我被搞得精疲力竭。请问，她不断醒来是正常的吗？将她放在紧靠我床边的婴儿床上能让她睡得更好吗？谢谢！

曼汀·玛

曼汀·玛：

　　你的女儿在 7 周时就能整夜不醒，这太好了！她不断醒来当然是正常的，对吃奶的婴儿来说尤其如此，因为母乳天生就管不了多久。她醒来很可能是因为饿了。但是，对于 7 个月大的孩子来说，当然不必要每个钟头都喂奶。因此，几乎可以肯定的是，她醒来是因为她在利用吃奶的过程重新入睡。你可能知道，当她睡得很浅时，她既会醒来找妈妈，也可能会进入更深的睡眠。如果你以前是用喂奶哄她入睡的，那么，当她迷迷糊糊地醒来时，她很可能需要通过吃奶来重新进入更深的睡眠。所以我觉得，将她转移到紧靠你床边的婴儿床上其实并不起作用，因为在我看来，她的频繁醒来并不是因为没有分床造成的，而是产生于没有分床之前。

我建议你帮助她学会不吃奶就能熟睡。你可以像往常那样在睡觉之前给她喂奶，然后，在她完全睡着以前，就将奶头从她嘴里取出来。她也许会抗议，你可以让她重新叼着奶头，然后在她睡熟之前，再次取出奶头。你可能要试 50 次，但最终她会同意不再含着奶头入睡。随着你每天重复这个过程，慢慢地她会自觉地翻身进入熟睡当中，不再叼着奶头。你可以越来越早地取出奶头，这样，她就会越来越自觉地不再叼着奶头入睡。

祝你万事如意，美梦成真！

劳拉博士

6

如何让孩子习惯睡婴儿床？

亲爱的劳拉：

　　我错误地让孩子和我们同床睡了太长时间。现在，我无法让儿子到自己的房间睡觉。如果不让他睡在我们床上，他就会哭喊个不停。你能提供什么建议吗？他 9 个月大了。

克里希

克里希：

　　9 个月的时候很难分床。他还太小，不知道这是怎么回事，但他已经足以知道事情应该是"怎样"的。如果你忘记了，他会让你知道：他本应睡在你床上！因此，在你们床边放一张小床（婴儿床或幼儿床），然后逐渐将它移开，这是个很好的方法，尤其是，他们最终会睡在自己的房间里，但仍然睡在自己熟悉的床上。

　　还有个方法也可以避免孩子的哭闹，那就是在婴儿室的地上放一张双人床垫，让他们习惯于和妈妈或爸爸睡在那里。渐渐地，妈妈或爸爸可以尝试帮助他们学会在身体接触越来越少的情况下睡着，并尽量拒绝在夜里拥抱他们。最终他能够在没有父母拥抱的情况下自己睡着，并且整晚不会醒来找妈妈，这样爸爸妈妈就能睡回自己的床上。

　　有些人担心，让小孩子睡在床垫上而不是婴儿床里，可能不安全。根据我个人的经验，我的两个孩子都是在 1 岁多的时候分床睡到床垫上的，并不需要婴儿床。如果他们醒了——小睡或夜间睡觉——他们首先会要妈妈，我能够通过儿童监控器听到他们的声音。他们不会受到伤害，只是想要妈妈。

劳拉博士

7

孩子不摇晃就睡不着，怎么办？

劳拉博士：

你好！

我儿子 16 个月大，他始终有睡眠问题：白天或晚上睡觉的时候需要有人摇晃。从 3 个月的时候开始，就始终这样。尽管我事先给他喂奶，他仍然需要摇晃很长时间才能睡着。

我们的睡前程序非常固定，我们晚餐后洗澡，然后讲故事，然后我给他喂奶。我们每晚都放同样的音乐，甚至在 7:00-7:30 就让他上床。

我希望能够将他放在他自己的小床上，让他自己睡着。但我不确定，这是否可行。你有什么建议吗？

一位 16 个月孩子的母亲

首先，我要向你保证一件事：你儿子以后会学会自己睡觉，并在自己的床上睡整夜。我无法告诉你这会发生在什么时候，但我保证，他肯定会做到。现在，我们来想想如何让他达到这个目标吧。

摇晃的确是个很难打破的习惯。现在我们来想想，你可以做些什么来帮助你儿子学会不需晃动即能入睡。

1. 按摩

由于到目前为止，他始终都依赖于摇晃来放松身体，他需要学习如何放松身体。按摩或许非常有用。我尤其建议你轻轻按摩有助于释放情绪的穴位：百会（头顶）、睛明（靠近鼻子的眉角）、承泣（眼睛下方骨头中央）、人中（上嘴唇上方正中部位）、承浆（下巴上方、下嘴唇下边）、少府、手侧（空手道劈掌用到的部位）。你可以抚摸他的体侧。人类的这些穴位都能释放压力和情绪，帮助我们放松。它们是叫人们尤其是小孩子放松的很好办法。你可能会注意到，当你轻轻按摩这些穴位时，你儿子会打哈欠。这表明他的身体在释放压力。然后，你可以换个穴位来继续按摩。

2. 将上床时间提前

我要表扬你建立了固定的睡前仪式，在 7:00-7:30 就熄灯，此时你儿子很可能尚未获得第二波兴奋剂（当孩子刚开始感到困倦的时候，如果我们不让他们睡觉，他们就会释放大量的肾上腺素和皮质醇）。你应该记住，如果他在洗澡和读书的时候更加兴奋，那可能是肾上腺素在起作用，他或许需要睡得更早。这个年龄的孩子需要 7 点熄灯，这很正常，我听说某些过于活泼的孩子需要在 6:30 的时候熄灯。为了弄清楚状况，我建议将上床时间提前 15 分钟，经过几个晚上以后，看看他是否变得平静些。

3. 吃点睡前零食

对于这个年龄的孩子，洗澡之后要吃点睡前零食，以免他在夜间饿醒。如果他房间里可以放下一张小桌子，你可以在讲故事的同时，让他喝奶或吃火鸡切片，这有助于保持平和的气氛，而且也不会扰乱入睡程序。

4. 安静地陪他躺下

如果你或你丈夫躺在儿子身边，他却无法安静下来，不停地站起来或在你们身上爬来爬去，那么，你们此时应该怎么办呢？

告诉他，睡觉的时间到了，任何东西都需要睡觉。温柔地列出你所能想到的所有事物，告诉他这些事物此时都躺在床上睡觉。按照我上述的建议给他按摩，最后在必要的时候抚摸或拥抱他，让他保持平静和安静。然后你只需自己保持安静。告诉他，他需要睡在你和墙壁之间，然后当他试图在你身上爬来爬去时，温柔地用他的玩具和枕头将他按回去。再次告诉他："现在是睡觉时间。我们得安静地睡觉。"你这样反复数次，他会逐渐认识到你不是闹着玩的，然后就会安静下来，开始躺下。

大约 1 个月左右，有你或你丈夫躺在身边，你儿子就会很快睡着。然后，你就可以进入后续步骤——帮助他学习独自入睡。

劳拉博士

8

刚满周岁的孩子能安睡整夜吗?

亲爱的劳拉:

我非常想睡个好觉,可我们 12 个月的儿子仍然睡在我们床上。是否可以让他在自己床上整夜都安安稳稳地睡觉?

精疲力竭的妈妈

照顾婴儿的困难之处在于,他们的基因结构基本上源于石器时代。

无论你是否相信人类起源于伊甸园或原始森林,这都不太重要。重点在于,那时候妈妈们第二天不必去工作,孩子们也不会因为独自睡觉而被野兽吃掉。孩子们生来就会睡在妈妈身边。当他们从睡梦中迷迷糊糊地醒来时,他们不会自然而然地再次入睡(我们所有人都是如此),而是会首先四处寻找妈妈,确保一切正常。

因此,很多孩子不被妈妈抱着就无法入睡,他们无法在自己的床上安安稳稳地睡个整夜,除非我们对他们进行"训练"。从生物学的角度来说,小人儿就是无法"正常地"做到这一点。这无疑给那些想要睡个好觉以便保证次日正常生活的父母们带来了难题。

幸运的是，如果你的孩子已经超过1岁，你可以教他自己入睡。很多家庭在孩子1-2岁期间仍然会继续在晚上给孩子哺乳，我就是这样的妈妈，这种方法也没有任何问题。你的孩子早晚会开始安安稳稳地睡个整夜。根据我的经验来看，进入青少年时期后，小时候难以入眠的孩子可能会睡很多觉。

你可以教孩子在自己的床上睡觉，而不是任由他们哭泣。这并非一夜之间就能完成，可能要花好几个星期甚至好几个月。但它绝对有效，这只需要重新训练他们的睡觉模式。

1. 给孩子断夜奶

在孩子满周岁以后，要想让孩子安安稳稳地睡个整夜，通常首先需要给孩子断夜奶。这个步骤并非轻而易举就能完成，选择这种方法的父母必须明白，这意味着白天给孩子喂更多的奶和食物。

如果你准备好给孩子断夜奶，通常最好的办法是让妈妈在另一个房间里睡一个星期，这样当孩子醒来时，爸爸可以摇晃他，哄他再次入睡（并不是非要摇晃他不可，但这也许比其他方法能更快地哄孩子睡着）。你的孩子肯定会哭，因此，这几个夜晚会非常难熬。

有些情况下，断夜奶对全家是最好的选择，因为这能够让妈妈得到充分的休息。与此同时，这对于你孩子的要求很高。你也可以选择尽量推迟断夜奶的时间。我自己一直等到孩子足够大，至少有点懂事的时候，才给他断夜奶。

2. 教他新的睡觉习惯

帮助你的孩子学会在入睡的时候不吃奶。你可以先在起居室让孩子吃母乳或喝奶粉，然后再让孩子去睡觉，从而彻底打破吃奶与睡觉之间的关联。由于吃奶入睡的习惯比摇晃更难以打破，你可能需要分两步进行。首先，让孩子习惯于不吃奶就睡觉，即便你必须摇晃他。此时，最好让爸爸哄孩子入睡。妈妈可以在起居室给孩子哺乳或喂食，然后再让爸爸将孩子带进卧室，抱着他摇晃或走动，直到他入睡为止。你的孩子可能会哭，但你知道他并非因为肚子饿，而且有爸爸陪伴着他呢。

　　帮助你的小孩子学会安静地躺在你的怀中入睡。逐渐地，他将学会在不哺乳或喝奶的情况下入睡。当他习惯了摇晃或走动入睡，而不是吃奶入睡时，接下来就要让他学会在不摇晃的情况下入睡。开始的时候你要摇晃他，但在他真正睡着之前，你可以停止摇晃，而只是抱着他坐在那里。如果他抗议，那就再摇摇他。反复如此。你可能需要尝试 25 次，但最终，他会在你停止摇晃的情况下睡着。这样持续一周左右，直到他习惯这种新模式：在摇晃的时候产生睡意，然后在不摇晃的时候在你怀中睡着。

　　帮助孩子学会在自己床上入睡。接下来要做的就是，坐着等到孩子几乎睡着的时候，站起来，稳稳地抱着他，让他保持睡眠姿势（仰卧），直到他几乎睡着，并接受了你这种姿势为止。如果他抗议，那就抱着他站着摇晃，等他睡着。这样尝试一周，直到他习惯这种模式为止。

　　接下来，在他快要睡着但还没睡着的时候，试着将他放到婴儿床上。如果他反抗，再把他抱起来摇晃，摇晃片刻以后就停下来。反复如此。你可能需要尝试 25 次，但最终他会乖乖地让你将他放在床上。至此，你基本上大功告成了。

　　最终，你就能够将孩子放在婴儿床上，在他睡觉的时候搂着他，因为他不再需要你摇晃了。然后，当他在婴儿床上睡觉的时候，你就可以不再搂着他，而是代之以抚摸。最终，你只需握着他的手，或将手放在他的前额上，他就能睡着。坚持这样做，直到他接受这种新模式——摇晃着哄他入睡，然后被平放到自己的床上。最终，他甚至不需要你的抚摸就能自己睡着。

　　如果他哭怎么办呢？你的小孩子正在学习新的睡觉习惯，这对于他来说很难。他可能哭得厉害，尤其在最初的时候。因此，我建议你缓慢地采用这个过程。如果你觉得孩子太难过，可以在他长大点儿之后再尝试，或者你可以将节奏放得更慢些。

　　在这个过程中，当他学习这种新技能时，父亲或母亲要始终给予安慰和体谅。孩子深层的情感和信任需求要始终能够得到满足，永远不能让他觉得自己被抛弃了，并且疑惑为何爸爸妈妈不理睬他的哭声。最终，在几个月甚至几个星期以内，你的儿子就会在被放进婴儿床后立刻入睡，而且会整晚酣睡不醒。那样你就可以做个好梦了！

劳拉博士

9

怎么让孩子好好睡午觉?

亲爱的劳拉博士:

我 17 个月大的儿子长期以来睡眠不好。白天小睡的时候我会关上卧室门,陪他躺两个小时,可是他会在房间里跑来跑去,在床上跳上跳下,哭哭笑笑……等两个小时终于过去之后,他才会安静下来并睡着。

我每天早晨都在担心他白天睡觉的问题,到了下午,我都为诱导他午睡而弄得心力交瘁。再过几个月,我们的第二个孩子就要出生了。我非常担心,到时候我不能花两小时哄他睡觉,他该怎么睡觉呢?

一位担心的妈妈

这真的很令人沮丧。但我向你保证,这对于 17 个月大的孩子来说绝不罕见。在这个阶段,小家伙从婴儿期进入幼儿期,作为父母,我们也需要做出调整,学会带着爱心设置合理的界限。

这个年龄的幼儿会为他们新获得的运动技能和肢体能力感到兴奋不

已，他们通常很难安静下来。所以，作为母亲，你的任务就是设法帮助他做好睡觉的准备。

● 每天早上和下午，他会出门四处跑动吗？

● 他真的感到疲倦吗？如果他很疲倦但无法平静下来，音乐或故事会对他产生作用吗？

● 抚慰性的按摩能够让他平静下来吗？

● 房间非常暗吗？

● 每天的小睡时间是否相同？

● 是否有睡前例行活动？

假如你已经考虑到了以上几点，我们就来谈谈让孩子难以入睡的一个非常常见的原因：情绪。孩子们在白天往往没有机会消除掉某些情绪，这些情绪会积压起来。当他们躺下睡觉的时候，自我就会放松控制，这些情绪就会浮现出来，需要被处理。孩子们不喜欢那种情绪，他们感到不舒服，想远离。所以孩子们会通过装傻、挑衅，或在房间里跑来跑去来逃离这些情绪。

所以，清除这些情绪有助于孩子更容易入睡。我强烈建议你每天与孩子打闹一番，让孩子开心大笑，因为笑能够清空压抑的情绪。但有时候，非得让孩子哭泣不可，因为这能够清除孩子更深层的情绪。当然，哭泣本身并不具有魔力。只有我们安全的陪伴和体谅才能让孩子产生变化，体验自身积攒起来的这些不安情绪。哭泣只是表达形式。所以，问题的关键在于，我们要在孩子哭泣时接纳他们的感受、关爱他们、抱着他们或靠近他们，从而为他们营造安全的氛围。

因此，你可能需要抱着你儿子躺在床上。你得确保自己已经和他开心地嬉闹过了（可以在午饭前，这样他就不会在小睡前积累很多的不安）。然后，当你将他带进卧室的时候，你得解释：小睡时间到了，所以我们要躺下睡觉。当他想要爬起来四处跑动的时候，你要温柔地制止他，并解释现在是小睡时间，你会帮助他平静下来，待在床上。

当然，你儿子会利用这个机会哭泣和抗议。这是件好事。他会向你展露当天（甚至是数月来）积压在心头的所有焦虑和不安，而正是这些情绪让他感到非常紧张。

正如你所知道的那样，当孩子感到恐惧时，他们会坐立不安和拼命挣扎。但你将他限制在床上并不会伤害他。只是要不停地安抚他并告诉他，他会没事的，你会陪着他并且爱他。

有两点需要说明：

1. 当你这样做的时候，你必须保持平静，理解和爱你的孩子。你的目标是营造安全的氛围。如果你很愤怒，你的孩子就会感受到不安全。

2. 对于曾经受到伤害的孩子，我不推荐这种方法。如果孩子有机会清除掉他们被压抑的情感，他们随后通常很快就会睡着，比正常情况下更快，因为他们不需要抗拒所有那些焦虑感了。如果你这样做几次，他不仅会因为消除了那些感受而变得更加开心平静，而且还会发现自己躺下能够更容易睡着，然后他就会每天这样做。

劳拉博士

10

孩子每天醒得太早，如何调节？

亲爱的劳拉博士：

　　我女儿下个月就满 19 个月了。从她 3 个月的时候起，她就一直能整夜睡到天亮。她通常 7:30 上床。我丈夫会念书给她听，然后给她盖上被子。她通常会抗议几分钟，然后一直睡到早上 8 点左右。

　　她午觉始终睡得不好，但自从我父亲开始照顾她后，她每天下午会和他在长椅上睡两个小时左右。

　　在我四月初开始从事新工作后，我女儿开始在 6 点左右醒来，周末的时候会在 5:30-6:00 醒来。晚上上床的时候她仍然会抗议（有时候会哭 30 分钟才能睡着）。

　　我认为她睡得不够，有人推荐使用褪黑激素。你有什么建议吗？

特里西

亲爱的特里西：

　　大多数这么大的婴儿每晚睡 10-12 个小时。她可能只需要睡 10 个小时，因此早早就会醒来，但我猜她也需要睡 12 个小时。为什么呢？首先，你说她睡得不够，妈妈们通常能够看出孩子睡得够不够。其次，你女儿似乎以前每晚睡 12 个多小时，此外还会睡午觉，而且睡得很好。所以我猜她需要更多的睡眠。

那么，在白天没睡午觉并感到很困的情况下，她为何仍然拒绝晚上 8 点上床呢？而且，她为何仅仅睡了 10 个小时后，在早上 5:30 或 6 点就醒来，而不是等到觉睡够了再醒呢？

几乎可以肯定，她非常疲倦。当孩子缺乏午睡或感受到压力的时候，他们就必须努力保持清醒。他们的身体会变得警觉起来，并释放出皮质醇等应激激素。皮质醇让他们情绪不稳，极其警觉，因此他们很难睡着。他们夜里也会更加紧张，所以当睡眠周期中的轻度清醒阶段到来时，他们就会清醒过来，而不是继续入睡。由于同样的原因，他们早上也会醒得更早。

所以你可以怎样做呢？

1. **试着让她 7 点上床。**这样做不合逻辑，但如果她真的需要睡眠，这将有助于她补足睡眠时间，并能在数天之内解决她的睡眠问题。

2. **弄清楚她有哪些压力。**由于这种新的睡眠模式刚好与你的新工作同时产生，她完全有可能只是想念你，想要更多地待在你身边而已。也有可能你不在她身边让她感到担心，她因为过于焦虑而无法入睡。对于小孩子来说，妈妈重返工作岗位是件很难接受的事情。你要确保自己在陪伴她时给予了充分的关爱。她也可能只是需要在你安全的臂弯里痛痛快快地哭个够。

3. **为了排除聚集在她体内的皮质醇，并让她补足睡眠，你可以请儿科医生开 1-2 天的褪黑激素。**这种药物目前没有已知的副作用，当然你首先只能使用很小的剂量。我从来不会让婴儿服用更长时间，虽然没有任何研究表明这会对婴儿产生什么长期影响，但婴儿的身体系统非常敏感。

4. **不要让她看电视。**电视会抑制褪黑激素的生成，让孩子更难入睡和长久睡眠。

5. **买黑色窗帘。**这样就会欺骗她的身体睡更长时间。房间光线太强的话，任何人都不容易睡着。

6. 教她在醒来以后继续入睡。既然她从三个月的时候起就始终睡得很好，那么她已经知道如何入睡了。但有时候，某些辅助性措施会有利于她这个年龄的小孩子睡觉。例如，你可以将你的歌声录下来，白天放给她听。给她购买她可以自己播放或停止的音响，放在婴儿床上她够得着的地方，以便她醒来之后自己播放音乐。

7. 教她睡更长时间。购买 CD 闹钟，放入她最喜爱的音乐。最开始将闹钟设在早上 6 点。告诉你女儿，她需要睡个整夜觉。早上的时候，闹钟会播放她喜欢的音乐，然后你就会来叫她起床。如果她 6 点之前醒来，你可以到她房间拥抱她，并告诉她，天还没亮，她得等到音乐响起的时候起床，那时候你才会来接她起床。等她习惯于睡到早上 6 点之后，再将闹钟调晚 5 分钟。反复这样做，直到她能够睡到 7 点为止。我发现，有时候她本来可以睡到 6 点以后，但闹铃会将她吵醒，所以你最好买个带遥控的闹钟，如果闹钟响的时候你女儿还没醒来，你就可以关掉闹钟。如果闹钟响的时候妈妈就会出现，这会让小孩子感到放心，似乎很多孩子都能调整自己，让自己随着铃声醒来。还有个比较省钱的方法就是，买个插入式定时器和夜灯，让它在特定时间亮起来。

8. 务必让她睡午觉，以免她晚上太困。顺便要说的是，我不担心外公和她在长椅上睡午觉。孩子会明白，跟不同的人相处有不同的规则。但你可能暂时得安排好你的周末时间，以便你出门办事的时候她可以在车上睡觉。

9. 当她在 5:30 或 6 点醒来的时候，直接将她带到你床上。如果你不想让她习惯在你床上睡觉，你可以陪她睡在长椅上或地上的床垫上。如果她真的累了，她很可能会和你再睡一个小时。如果这个方法有用，我认为这对所有人都最方便。早醒是最难解决的睡眠问题，因为孩子已经睡过了觉，此时通常会非常兴奋，无法睡着。所以，如果陪她睡在长椅上能够让你们再睡一个小时，这可能是你目前能采用的最好办法。

10. 对于这个年龄的某些孩子来说，要考虑到长牙问题。如果她白天的行为让你怀疑这种可能性，你可以试试泰诺或其他出牙药物，看看有没有用。

祝福你和你女儿睡个好觉——做个好梦！

劳拉博士

11

怎么帮助孩子从婴儿床换到单人床?

亲爱的劳拉博士:

　　我儿子 2 岁 9 个月。现在他已不再睡婴儿床,自己换到了他房间里的单人床上。他知道自己可以随时下床,走出卧室,因此,我们都很担心。我不知道该怎么办,采取什么办法,在睡觉期间如何限制他的活动范围而又不必锁上卧室门。

　　请帮帮我!

妈妈 S

亲爱的 S:

　　这是换床时经常发生的事情。孩子们喜欢刚刚获得的自由,他们会试探界限在什么地方。对他们来说,这是个巨大的变化,可能会让他们缺乏安全感。最重要的是,你要保持耐心和平静,不断地强调这是睡觉时间。我猜你已经知道,锁门肯定会适得其反,让他产生不安全感,并损害你和儿子之间的亲子关系。

　　他需要养成在单人床上入睡的习惯,就像之前在婴儿床上那样。这对他来说完全是新技能。我的建议是，你要陪着他，并教他这种技能。这会促进你们之间的关系，并让他觉得更安全。之后，他就会开始自己入睡，并整夜乖乖地睡觉，不会产生梦魇、分离焦虑或叛逆等额外的问题。

刚开始时，要让他自己选择睡在婴儿床还是单人床上。如果他选择单人床，要告诉他"在单人床上我们要做什么？待在床上，躺下睡觉，对不对？你能做到吗？如果你能做到，你就可以睡在单人床上。"

安慰他说，你会待在附近帮助他学会在单人床上睡觉。根据需要尽量靠近单人床。刚开始时，你可能需要待在能够碰到他甚至拥抱他的地方。然后，慢慢地减少抚摸的次数，这样他就能逐渐在不碰你的情况下入睡，不会在夜里醒来找你。

你只需要坐在那里，什么也不做。如果他想从床上爬起来，告诉他"现在是睡觉时间，你得待在床上"，并温柔地将他抱回床上。如果他告诉你"就是睡不着"，你要告诉他规则：至少他得装睡。叫他让你看看他能装睡多久。孩子开始装睡之后，通常过不了几分钟他们就会睡着。

保持积极、尊重和冷静的态度。当他能够乖乖地睡在床上不动的时候，即便他只取得了很小的进步，都要高度认可他的进步。"我发现，昨晚我只提醒了你两次要待在床上。我为你感到骄傲。很快你自己就能完全记住了。"

你或许最初可以用带有护栏的幼儿床，这能让他更安全。务必要多用婴儿床上的东西（比如毯子），这样他在新床上就会感到很舒适。暂时将婴儿床留在屋里，也可能会对他起到安慰作用。

对于大多数孩子来说，在入睡之前听音乐有助于他们睡眠。

你坐在旁边陪他几天后，他睡觉的时候就不会再从床上爬起来了。在他入睡后，你就可以慢慢向门口挪，最终离开他的房间。而且你自己也能睡个好觉！

劳拉博士

12

4 岁孩子总是半夜醒来，怎么办？

劳拉博士：

从今年开始，每天晚上我们 4 岁的女儿都会在 11:45–12:15 醒来。她会在床上啼哭或号哭，直到我们进入她的房间为止。此时，她会要求我们从头完成睡前例行活动。按摩背部、喝点凉水、铺好床单、讲故事，等等。这会花 15–20 分钟。然后，如果不能马上重新睡着的话，我们有时就得再三走进她的房间，总共要折腾一个小时。

你有什么建议吗？非常感谢！

4 岁女孩的妈妈

我不知道她为何会醒来。可能是夜间发生的什么事情惊醒了她——噪声或光线？也可能是因为她已经熟睡了 3 个小时，而这正是转入后续睡眠周期的过渡阶段？她当时处于轻度睡眠阶段，而最初入睡时的环境发生了变化，所以她会醒来。

如果是前者，我会花钱买个除噪助眠机和遮光窗帘。如果是后者，我会坚持在白天饭前或饭后逗她发笑，让她开怀大笑 15 分钟，以便减少她的焦虑感。我发现这对帮助孩子入睡具有奇效。

如果她仍然会醒，我不会再次给她讲故事，重复睡前例行仪式。当她醒来以后，我就立刻走进她的卧室，拥抱她，给她掖好被子，告诉她这是睡觉时间。如果她坚持要喝凉水，就告诉她，她可以在早晨喝凉水，但现在她可以端起经常放在她床边的吸杯，喝一小口水。如果她想听你讲故事，就告诉她，只有在晚上上床睡觉时才能讲故事。

她可能会哭喊或尖叫，入睡环境发生了变化，她不知道如何重新睡着。因此，你必须保持耐心，体谅她很难再次入睡。我知道在夜间这么做并不容易。但是，如果你坚持原则并保持耐心，她最终就会知道，除开重新入睡之外，她没有别的选择。

祝好！

劳拉博士

13

怎样阻止孩子咬指甲?

劳拉博士:

　　我的女儿快满 2 岁了,她养成了咬指甲的习惯。我不知道如何让她戒掉这个习惯。我曾经试着告诉她:"别这样,把手指从嘴里拿出来。"但这只在当时有效。

　　我认为,她是偶然开始咬指甲的(他爸爸也喜欢咬指甲),她只是喜欢咬指甲时发出的"咔嗒"声。现在是什么情况呢?她知道不应该咬指甲,甚至当她看到爸爸咬指甲的时候,她会告诉爸爸"不,不,爸爸"。

　　我在想,是不是要在她的拇指上抹些东西,让她别再咬拇指了? 你有什么意见和建议吗?

　　谢谢!

克里斯蒂

克里斯蒂:

　　孩子们咬指甲的情况并不少见。你女儿长大点以后可能会放弃这个习惯。我知道，你也不想让她终生保留这个习惯。

你想要使用的那些产品都宣称"对 3 岁以上的孩子无害"，所以，现在给你女儿使用有点早。由于这些东西味道都很苦，我觉得不适合用在不会说话的孩子身上。等到她长大点以后，你可以告诉她怎么回事，这样她就不会因为指甲突然变得很苦而大发脾气。如果孩子不明白发生了什么，他们常常会大哭大叫，尤其是他们无法消除嘴中的苦味，最后连吃食物都是苦的。亲自试用过这些产品的父母说，那种恶心的味道会持续10 个小时！

但是，当孩子长大点之后，这些产品会非常有用。有个我熟悉的妈妈告诉她的孩子说，等到她满 4 岁的那天，拇指仙女会来帮助她不再吸拇指，然后，她在夜里将女儿的拇指染了颜色，并留下了仙女的痕迹和礼物。这个女孩非常高兴，心甘情愿地不再吮吸大拇指了。我认为，这种帮助通常会让那些很难戒掉坏习惯的孩子充满力量。

但你的女儿还不会说话，而且太小，不宜使用这些产品。

那么，你能怎么做呢？

1. 去看儿科医生，确保她咬指甲的习惯不是一种异食癖。患有这种疾病的孩子非常渴求不能吃的东西，比如灰尘。出现这种情况的几率很低，但值得检查清楚。

2. 咬指甲是内心焦虑的表现，所以，要让她通过其他途径将压力释放出来。可以逗她笑出来，这样她就能释放焦虑情绪，也可以在她身旁放一杯水，每当她开始咬指甲的时候，就让她喝一口水，这有很强的安抚作用。此外还可以教她，每当她想咬指甲的时候，她就需要深呼吸，或坐下来看书。

3. 不要与她纠缠，以免引起对抗；相反，要约定某种暗号。每当她将手放进嘴里的时候，你就朝她眨眨眼，提醒她把手拿出来。你可能需要采用很明显的暗号，比如拥抱。

4. 发现她在咬指甲的时候，就给她其他东西，让她拿在手里玩。比如，如果是在车上，就在车上放上柔软的小玩具或球，让孩子可以随意把玩。

5. 教她养成新的习惯。"当你想要咬指甲的时候，就这样拍拍手、摇摇手指。"

如果你用尽了所有这些方法，都没能让她放弃这个习惯，还可以试试催眠。显然，幼儿都很容易被催眠，而且事实证明，催眠能够有效地治愈咬指甲的习惯。

祝你好运！

劳拉博士

14

怎样才能让幼儿愿意刷牙?

亲爱的劳拉博士:

我的孩子16个月大, 她不喜欢我给她刷牙。由于她正在减少小睡次数, 所以情况变得更加糟糕。现在我尽量让她待到晚上7:00再睡觉。她在洗澡之后上床之前, 最后要做的事情就是刷牙, 但她会很生气, 大发脾气。我真的不希望她长蛀牙。我应该强按着她, 给她刷牙吗?

妈妈 J

亲爱的 J:

无论我们如何向幼儿讲有关蛀牙的事情, 他们并不能真正理解为何需要刷牙。别人把某个东西放在你嘴里搅动是非常恐怖的事情, 至少这让人很不舒服。我们多数人不喜欢每隔半年就去看牙医, 但我们却要求孩子每天两次张开嘴巴, 让我们给他们刷牙。他们的抗拒当然毫不奇怪。

直接按住孩子强行给他刷牙始终不是个好主意。他们肯定会因此痛恨刷牙, 而且会损害你们之间的关系。所以, 我真的不喜欢很多牙医的建议，两个大人让孩子躺下来，捉住他的手，同时让其他人给他刷牙。假设有人这样对你，你会有什么样的感受呢？这怎么可能不造成伤害呢？

显然，这并不是说，你应该放弃给孩子刷牙。要平衡好这两者可能很难，但我看到，很多家庭做到了这一点。基本上来说，刚开始强度不要太大，但要坚持下去，就像你培养孩子的任何其他习惯那样。最终他们都会愿意刷牙。

下面是我的若干建议：

1. 让刷牙成为日常生活中的例行程序。你可以尝试在洗澡前刷牙，以免她太疲惫。或者在洗澡期间刷牙，这会给你带来更多麻烦，但她将越来越享受这件事，越来越放松。甚至在晚饭后马上刷牙也行。

2. 考虑不使用牙膏。大多数牙医说这个阶段可以不用牙膏，你可以试试看，她是否会因此更愿意张开嘴巴。还有个办法就是，陆续买许多种儿童牙膏，让她试用，然后自己做出选择。或许她会喜欢某种牌子的牙膏，而且这会激发她的兴趣。

3. 整天不停地"假装"刷牙，帮助她习惯刷牙这件事情，并消除她对于刷牙的负面情绪。

比如：

● 让她给填充动物玩具或洋娃娃"刷牙"。

● 刷她的全身：她的胳膊、耳朵……（"是不是应该刷这里？"）

● 让她刷你的牙齿，交换主动权，帮助她消除对于刷牙的负面情绪，并充分逗她发笑（这就像哭泣，能够释放被压抑的情绪）。

4. 利用声音来培养好习惯。鼓励她说"T"（露出面牙）和"啊"（露出后牙），并像动物那样大叫。这样，她的嘴巴就会在刷牙时完全张开。这也会让整个过程变得更有趣、更好玩。

5. 唱歌。唱"吃完晚饭后，我们要这样刷牙"或者"牙刷在嘴里转呀转"，这样做非常有用，因为唱歌能够让刷牙过程变得更加有趣，并让她习惯这个例行活动。也许最重要的是，它让孩子放心，刷牙的时间很短，当歌唱完的时候，牙也就刷完了。

6. 迅速刷完牙齿。即便你是成人，如果有人在你嘴里乱戳，这也会让你觉得时间漫长，没完没了。现在，我们是要让她习惯刷牙这件事。当她逐渐长大后，你可以通过唱歌和使用定时器来延长刷牙的时间。

7. 玩"模仿"游戏。这个年龄的大多数孩子都喜欢模仿我们，但又想"自己做"，所以，你们可以对着镜子一起刷牙。在你刷牙的时候，让她对着镜子模仿。她肯定无法完成整个过程，但这是个好的开端，并让她觉得，她自己能刷牙了。这样，即便她在某些时期不愿意让你给她刷牙，她也不会完全抗拒刷牙。要将刷牙变成好玩的游戏。

8. 帮助她完成刷牙。大多数幼儿不能自己完成刷牙过程，而大多数父母想要在最后"帮帮"他们。这非常难以做到，因为大多数人讨厌别人拿东西戳进他们的嘴巴。要通过限定时间（唱歌或计时等）或将它变成游戏，让孩子更容易接受这件事情。在她嘴巴里追寻东西通常是很有效的常用游戏。你可以说，你看见她嘴里有个长颈鹿或老虎，你必须抓住它。有些人会说有吃糖的虫子（细菌）。我个人喜欢这个游戏："噢，你今晚吃的米饭，是不是？让我们把你牙上粘着的米饭刷下来！我看见还有苹果！"等等。

9. 提供不同的选择可以促进孩子合作。为了"刷好"牙齿，她是否想让她钟爱的填充动物玩具、布娃娃或木偶帮她刷牙（选择木偶时，你更容易握住牙刷，但她可能宁愿选择娃娃。当然，你也可以让她在两个木偶中间进行选择）？抓住娃娃或木偶，让他们给她"刷牙"。这样做尽管不太顺手，但最终能够帮助你完成任务。

10. 如果她抗拒，就轮流刷牙。幼儿已经开始明白"轮到我了！"是怎么回事，所以你可以说："轮到孩子给妈妈刷牙了！"然后说，"现在轮到布娃娃了！""现在轮到妈妈给孩子刷牙了！"

11. 尽量分散孩子的注意力，并给予孩子控制权。当你给孩子刷牙的时候，让她握着另一把牙刷（甚至每只手拿一支），这非常有用。刷牙时，尽量让她主导每件事情，她可以选择刷哪颗牙，用哪种牙膏（或不用），采用哪种姿势，以及在她刷完之前你得换多少次姿势。很多父母说，在给孩子刷牙的同时让孩子给他们刷牙，是分散孩子注意力的最好方法。

如果她抗拒，不要和她僵持不下，等第二天再"玩"刷牙游戏，让她看到，这件事仍然需要完成，并让她有机会消除部分抗拒情绪。然后，在当天晚上试试新的刷牙方式。

你们还可以共同阅读和观看某些书籍和视频，这有助于让她习惯刷牙这件事情。网上甚至有幼儿刷牙的视频。她很可能想要模仿其他的孩子，对吧？

但我需要补充的是，要循序渐进，不要急于求成。如果你想尝试任何改变，这是个很好的总体原则（尽管可能让人沮丧）。所以，在你试图改变她的小睡习惯的同时，不要强调刷牙的事情。如果她晚上太困，无法刷牙，那么，不妨在两个月以后，等到她能小睡更长时间之后再说。

劳拉博士

15

怎么让 19 个月大的孩子喜欢洗澡?

亲爱的劳拉博士:

我儿子以前很喜欢洗澡,这持续到他约 10 个月大时为止。但在最近 9 个月,洗澡时间突然成了他的噩梦。他会不停地大喊大叫。我试过各种方法:陪着他进入澡盆,给他玩具和浴缸绘画颜料,泡沫浴,非泡沫浴,升高水温,降低水温,甚至给他穿上泳衣(因为他喜爱泳池),我们甚至想过淋浴可能会管用。但这都没有效果,他仍然尖叫不停。我们已经将洗澡次数减少为每周两次,因为听着他尖叫实在太痛苦了。他身上真的开始有异味了!

19 个月大孩子的妈妈

幼儿憎恶洗澡的事情并不罕见。这通常发生在孩子 1 岁左右的时候,但也可能发生在上幼儿园之前的任何年龄。由于大多数孩子在发生这种情况时还不太会说话,我们确实不了解其具体原因,但年龄稍大点的孩子发生这种事情时,似乎都是因为恐惧,所以我们不得不认为,较小的孩子也是因为这个原因。

幼儿会突然之间对某件事，如洗澡、虫子、气球……（事实上可能是任何东西）产生恐惧感，这非常常见。心理学家将这视为更深层次焦虑的转移，比如害怕失去父母的爱，所以，减少儿童幼年恐惧的非常有效的办法就是，在养育孩子时避免采取任何体罚措施。传统的管教措施（甚至包括关禁闭）也会导致小朋友害怕被抛弃。我们可以采取更好的办法让他们学到我们想要教给他们的东西。

从未受过体罚的孩子也会产生恐惧。我自己的女儿在 3 岁的时候曾经害怕洗澡。她名叫爱丽丝，有"好心的"大人曾经教给她一首歌，讲的是爱丽丝消失在浴缸的下水道里。无论我怎样努力告诉她下水道容不下她，她都相信这种事可能会发生（事实上，小朋友产生这样的恐惧是很常见的）。爱丽丝有好几个星期都不愿意洗澡。我让她站在厨房洗碗盆旁边的凳子上，用厨房的喷头为她洗头，洗澡时则让她站在浴垫上给她擦洗。我并没有强迫她，她因此很快就消除了这种恐惧，很乐意跳进浴缸玩小船了。

你以前采取了各种正确的做法来激发你儿子对洗澡的兴趣：泡沫浴，陪他进入浴缸，等等。这些主意都非常棒，对很多孩子有用。但既然它们对你儿子不管用，他仍然尖叫不停，那么，你可以认为，在他惊恐地尖叫时让他洗澡只会加剧他的恐惧。所以，我建议你不要强迫他洗澡。你可以只是告诉他："我知道你现在很害怕洗澡。不要担心，这没事儿的。但如果你现在太担心，我们今天就在洗手盆里洗吧。我会始终保证你的安全。等你乐意的时候，我们可以再洗澡。"

我知道，理想的做法是将每天给他洗澡纳入他睡前的例行活动中去。但其实，大多数时候你可以用浴巾将他们洗得很干净。洗头发是最难的事情，所以，除非头发乱糟糟的，否则可以很长时间不洗头。既然他喜爱泳池，甚至可以在他游泳之后，用那里的淋浴器将他冲洗得很干净。在这个年龄阶段，有些孩子会愿意洗淋浴，尤其是你有手持淋浴器的话，可以让他们站在浴缸里的浴垫上，用喷头给他们轻轻地冲洗。没必要让他们泡在水中。如果他愿意站在浴缸里让你给他擦洗（用塑料盆装上肥皂水，不要用浴缸），问题就解决了。

但很可能他现在连浴缸都不愿进，毕竟他已经因为洗澡而尖叫9个月了。因此，你面临的困难更大，因为你得让他慢慢消除因为被强迫洗澡而受到的伤害。如果厨房的洗碗盆太小，他可以站在浴室地面上的婴儿澡盆里，或者坐在厨房或洗衣房的洗手盆里。他可以站在后院或厨房的戏水池里。尽管这样做不合常规，但这有什么要紧呢？谁说孩子必须在澡盆里洗澡呢？

你可以给他准备好容易清洗的布娃娃或玩具澡盆。你们可以共同动手给澡盆充满水，给小娃娃洗个澡。假装娃娃在害怕地哭喊，将它抱出来并安慰它。然后，让娃娃勇敢地进入澡盆，享受洗澡的过程。他会发现这很有趣。如果他害怕，那就放弃，继续安慰玩具娃娃，然后带他离开浴室。下次再试，最终他会开始给娃娃洗澡，而这正是他战胜恐惧的开端。等到他能够快乐地给布娃娃在玩具浴盆里洗澡时，再将玩具澡盆放进大浴盆，让他在那里给娃娃洗澡。逐渐给大浴盆加少量水，并逐步将娃娃移出大浴盆。当他能够快乐地在大浴盆里给娃娃洗澡的时候，他或许就很乐意自己进去洗澡了。

你也可以邀请儿子进入浴室帮你洗澡。如果你让他看见你非常享受洗澡的过程，并让他用玩具桶倒水在你身上，他可能会想要与你一起洗澡（我建议你不要使用淋浴喷头，这可能会吓到他，当他在浴室的时候也不要排水）。只要享受被水淋湿的感受即可。如果你可以给他准备若干沐浴玩具，让他在旁边玩耍，那就再好不过了。

不要强迫他进入浴缸。将这段时间称为洗澡时间，尽量让它充满趣味。但几个月以后，可以安排他在朋友或表兄妹的家里洗澡。可能需要尝试几次，但很快他就会迫不及待地加入其中，尤其是，如果你能让他在洗澡时玩他心爱的玩具，那就最好不过了。

你或许也可以读读童书《淘气的安哥拉》。它讲的是一个怕水的小男孩,但在故事的结尾,他变成了勇敢者安哥拉。事实上,你可以将他的沐浴玩具命名为安哥拉!

祝福你!

劳拉博士

16

2 岁孩子讨厌洗头，怎么办?

亲爱的劳拉博士:

我希望你能告诉我，如何让我 2 岁的孩子不害怕洗头。他从来都不喜欢洗头（并非每晚都洗），但最近他会因此大发脾气。每次洗澡前，他会问我们是否要给他洗头，如果我们说"是"，他会立刻开始哭起来。他还会屏住呼吸，有时候会呕吐。我千方百计想要帮他克服这个问题，但都没有用。在我们家，洗澡时的气氛已经变得极其紧张。如果你能给予任何建议，我将不胜感激!

安珀尔

安珀尔:

幼儿产生这种恐惧是很常见的事情。如果我们不强迫孩子体验这种恐惧，不增加他们的恐惧，他们很快就会克服这个阶段。与此同时，我们大多数人会坚持说"没什么好害怕的"，然后继续让幼儿经历他们害怕的事物，而这只会延长他们的痛苦和挣扎。毕竟，除了让他们经历恐惧之外，我们还给他们传递出了这种信息:我们根本不在意他的恐惧情绪，他只能靠自己来克服它。甚至，他很可能会认为，他亲爱的爸爸妈妈成了他的敌人。

我们必须认识到，我们的孩子感到害怕是有原因的。我们可能认为这种理由并不成立，但它确实就是原因所在。对于很多幼儿来说，洗头时水流到脸上会让他们害怕被淹死。即便我们使用没有气味的洗发水，用毛巾遮住他们的眼睛，并尽量保证水不流到他脸上，他们还是会害怕，仿佛这是生死攸关的大事。真的如此吗？不，但他的感受就是如此。由于这种情况对于幼儿来说非常常见，它甚至可能是正常的成长恐惧症。换句话说，越怕水的孩子越可能生存下来，并将他们的基因传递下去，因此这种特征存在于人类的基因之中。

所以，我建议你不要继续给他洗头，以免惹他发脾气。要给他若干自主权，让他有机会消除他对洗澡和其他事情的恐惧，并确保他知道你会支持他，保证他的安全。具体来说：

1. 每次洗澡时，当他问是否要洗头的时候，你要反问他是否愿意洗头。如果他说不愿意，告诉他没关系。然后指出他头发里有些番茄酱（或其他东西），你要用湿毛巾给他擦干净。在他进浴缸前，问他是否愿意让你帮他把头发上的番茄酱擦掉。在你给他梳头发的时候，可以让他坐在洗手盆上，照着镜子，以便增加他的掌控感和安全感。如果他拒绝，你可以耸耸肩，开个玩笑："你喜欢番茄酱！很棒！"这样就不会产生对抗。因为小孩的皮脂腺并不像大人那样活跃，你可以长时间不给他洗头。也许，随着天气逐渐变暖，他最终会在游泳或后院玩水管时将头发冲洗干净（尽管不用肥皂）。

2. 让他给你洗头。进入浴缸里（如果你愿意的话，可以穿上泳衣）。尽情地嬉闹。假装很害怕，但通过眼神让他知道你并不是真的害怕。你的目标是逗他发笑，让他将恐惧释放出来，同时让他有掌控感，并让他看到其实并没有危险。所以，要逗他发笑，在他给你洗头的同时，不停地做出各种逗他发笑的动作。只要他觉得好笑，就尽量多重复几次。

3. 尽量多玩有水的游戏，只要能逗笑儿子即可。如果你住的地方足够暖和，在户外玩水管游戏就特别好。让他用水管帮你洗头。让他扮演专业的洗头师。在玩耍游戏几个星期之后，你儿子对于洗头的焦虑感会充分释放出来，他能够更直接地面对他对洗头的恐惧。此时，你的目标不是给他洗头，而是让他倾诉他此前在洗头时感受到的恐惧（这种恐惧如此之大，以至于他会呕吐）。

4. 帮助他克服恐惧。如果孩子长期害怕某个事物，而家长却没有帮助他们克服这些恐惧，那么，恐惧通常会通过其他方式呈现出来，并使孩子行为死板，自信心受损。所以我建议你采取更多措施，帮助你儿子倾吐他的恐惧，这样他就能放下恐惧。为此，你要让你儿子思考洗头这件事，但并不真正给他洗头，以免再次伤害他，直到他乐意洗头为止。挑个时间，比平时提前一小时开始给他洗澡，比如可以挑在周末。告诉他，今天晚上，你真的很想给他洗头，因为他的头发太脏了。如果他同意你给他洗头，很好——他战胜了洗头带给他的恐惧。你陪他玩的所有游戏以及让他给你洗头，都没有白费工夫！

但几乎可以肯定，他会反抗并开始哭泣。此时，要抱着他并体谅他的情绪："你不喜欢洗头。这让你感到害怕。我以前给你洗头的时候，你非常难受，非常害怕。你觉得我没有听你的话，只是不停地洗。你非常生气，非常难过。"如果他哭得更厉害，你就知道你做对了。

当他停止哭泣的时候，拥抱他并安慰他说，你爱他，有你陪着他，他始终都会没事儿的。然后告诉他，你仍然想给他洗头，你会保证他的安全。他肯定会再次哭起来。他也可能会弯腰干哭，对你拳打脚踢，满脸通红，大汗淋漓。这是他释放恐惧的天然方式。你可能会担心自己在折磨他，但其实他正需要这样来宣泄他的焦虑感。保持深呼吸，如果他愿意，就始终抱着他。或者待在他旁边，不停地用温柔的话语安慰他，保持你俩之间的联结。告诉他，你就在旁边保护他，而且你会随时保护他。

在你采取各种措施以后，你可以再问他是否愿意洗头。如果他仍然不愿意，你可以说："亲爱的，我真的很想给你洗头，但我们不用非在今天晚上洗不可。可以吗？"他会同意，然后你可以继续给他洗澡，但不洗头。你知道你们已经取得了很大的进步：他感到非常安全，愿意向你袒露他的强烈情绪，你也表现得很坚定，这样他下次就能继续有所进步了。

如果你重复这样做（并非每次洗澡都要这样做，但在你能够专心聆听他的时候就这样做），你会看到，随着他逐渐消除掉以往的恐惧，他的不安会逐渐消失。然后你可以再挑个日子，以便有足够的时间用心"聆听"他并提出要求。告诉他，现在你希望至少将他的头发打湿。他可能还没进浴盆就会再次哭起来，可能要哭一个小时，但最终他会同意进到浴盆里，让你给他洗头。

坐在浴盆后面，让他站在你前面，面朝你。用小塑料杯舀满温水，问他是否愿意将水淋在自己头上。如果他不愿意并开始哭泣，就抱着他。记住，你的目标是让他宣泄掉促使他长久以来讨厌洗头的那些情绪。你并不在乎他是否真的洗头。所以，将杯子挪近点，挪近到刚好让他哭出来为止，同时，抱着他并告诉他，你始终会保证他的安全。如果他之前已经消除了大部分恐惧，他很快就会不再哭泣。否则，他会哭很长时间。但最终，他很可能会自己将水倒在头上，或让你将水倒在他头上。将水淋在他的后脑勺上，然后就此打住。不要给他洗头，只要淋少许水在他后脑勺上即可。

5. 称赞他很勇敢。对你来说，淋湿后脑勺可能并没有什么了不起，但他能够面对心中那些曾经让他恐惧得呕吐的恶魔，已经很勇敢了。当我们直面所有的恐惧时，它们就会消失，此刻也是如此。当然，下次可以继续巩固成果。最终，你就能够抱着他，在他不哭的情况下给他洗头。始终要让他选择是否自己淋水，他可能很愿意这样。

相对于强行给他洗头或干脆不洗来说，这听起来大费周章。但你肯定不喜欢前面这两种方法，因为它们最终对你儿子或你们之间的关系毫无益处。你之所以需要费这些劲，是因为这会为你俩以后的亲密感情奠定基础，也能帮助他培养情商。成为值得他信赖的倾诉对象以后，你就能增进你俩之间的关系以及他对你的信任感了。你在帮助他面对并战胜恐惧情绪。所以，在这个过程结束时，他不仅会乐意洗头，而且会在各方面变得更愿意合作，并能够面对童年时期所有常见的恐惧。这就是我所说的创意育儿法！

祝你好运！

劳拉博士

17

孩子的如厕训练，我应该再等等吗？

亲爱的劳拉博士：

　　我儿子刚满 3 岁，怎样才能让他乐意使用便盆呢？他知道怎么用便盆，他也根本就不害怕，但就是不愿意使用。我们试过各种方法：奖励他、让他吃糖果、在表格上贴表扬贴纸、苦口婆心地哄他、给奶奶打电话……他对所有这些方法都失去了兴趣，不为所动。如果你不给他穿上尿布，他就会很生气。即便尿布打湿或弄脏了，他也不太在乎，他甚至不愿意让我给他换尿布。只有当我告诉他 4 岁的邻家玩伴不再使用尿布时，这才能激起他的兴趣。

　　我觉得这是"我的身体我做主"的心态，但我怎样才能让他克服这个问题呢？我应该耐心等待他自己乐意接受如厕训练吗？

　　谢谢你！

杰西

亲爱的杰西：

　　你知道，孩子完成如厕训练的年龄有早有迟。如果孩子不在乎尿布被打湿或弄脏的话，他们往往较晚才会完成如厕训练，因为他们缺乏积极性。正如你所发现的，如果孩子缺乏接受如厕训练的内在动力，贴纸等招数往往只能暂时奏效。

当然，你极不愿意与孩子发生对抗，因为你永远都不可能赢。那你能怎么办呢？唯一管用的办法可能就是让他看到大孩子们在使用卫生间。你有办法让他经常观察到这点吗？我向你保证，如果他经常看到其他孩子穿着大孩子穿的内衣裤，明年他就会乖乖地上厕所，而不需要你做出任何努力。你或许可以将时间定在夏天，因为这个季节他可以光着身子，是接受如厕训练的最佳时机。在此期间要密切关注他，谈谈其他孩子的表现，让他明确意识到他以后也会这样做，他就会这样做。

"那个男孩不再穿尿布了。我肯定他现在 3 岁半或 4 岁了。"

"等到你愿意上厕所而不再使用尿布的时候，如果你有兴趣，我们可以参加游泳课程。"

"等到你每天愿意穿内衣裤的时候，你的老师会非常高兴。"

语气要轻松，不做任何评判，就像你在谈论他碰到的其他成长障碍那样，如"等你长大以后能骑自行车的时候""等你长大以后能够读书的时候"……

如果你能避开冲突，自然就不会有冲突。这对每个人都有好处！

劳拉博士

18

怎样激发孩子对如厕的兴趣?

亲爱的劳拉博士:

　　你好! 我想要问如何对孩子进行如厕训练。我的女儿现在 3 岁半, 仍然不使用便盆或卫生间。我尝试过各种办法: 哄她开心、答应让她开始上舞蹈课 (如果她使用便盆的话)、让她观察其他孩子上厕所、让她穿好几天衬裤……但她仍然不使用卫生间。我不知道我还能想些什么招数, 真心需要你的指点。谢谢!

吉尔斯蒂

亲爱的吉尔斯蒂:

　　似乎你试过各种办法, 而你的女儿属于那种较晚才会完成如厕训练的孩子 (记住, 有半数孩子会比较晚, 还有半数则比较早)。

　　对此, 我有四个建议:

　　1. 从她的角度来看待问题。为什么她不感兴趣呢? 她害怕卫生间吗? 觉得这没有任何好处吗? 想要继续当个婴儿, 以便你能继续宠着她吗? 问问她, 但不要试图给她讲道理, 看看她怎么回答。

2. 更用心地让她感受到如厕训练的好处。大孩子的行为或舞蹈课没有激发她的积极性，这没关系。但她这个年龄的所有孩子都渴望拥有自主权和控制能力。务必让她觉得，整个过程是由她控制的。如果你让她挑选她自己觉得很好看的便盆或衬裤，她会很高兴吗？或者，你拍摄她上卫生间的照片，并为她制成小书呢？

3. **整个过程由她来控制。**多寻找有关如厕训练的书籍，读给她听，但不要提到她需要接受如厕训练。让她主动想要这么做。找到供如厕训练使用的布娃娃，让她教布娃娃学习如何如厕，同样，也不要提到她也需要接受如厕训练。

4. 你所花费的努力可能会遭到她的顽固抵抗。要放松，暂时放下这件事，两个月以后重新尝试。对 3 岁的孩子来讲，两个月已经很长了。两个月以后面对这个问题时，让她来控制整个过程。

祝你好运！

劳拉博士

19

孩子不愿意用便盆大便，怎么办？

劳拉博士：

我女儿 3 岁半，正在上幼儿园，她不愿意坐在便盆上大便，你有什么办法吗？她会偷偷地拉在尿布里面。我们从未责备过她，只是温柔地提醒她，最好坐在便盆上大便。我们也告诉她，如果她学会了使用便盆，明年夏天她就可以参与很多活动，比如学习游泳。我们试着不给她太大压力，只是告诉她下次要尽量坐在便盆上大便。但她直接拒绝了："不，我就要拉在尿布里。"可能是因为在她小的时候，我们没有花足够的时间陪她吧，我不知道。谢谢！

詹妮

亲爱的詹妮：

当我读到"可能是因为在她小的时候，我们没有花足够的时间陪她吧，我不知道"的时候，我笑了。

3 岁半的孩子不想坐在便盆上大便，这其实是很正常的事。如果我们能找到原因，就可以解决这个问题。

以下是最常见的部分原因（当然，"没有花足够的时间陪她"不在其中！）：

她担心会掉进去。这通常是针对马桶，而不是便盆，而你们用的是便盆，对吧？所以这个因素可以排除掉。

她在幼儿园有某些很糟糕的经历。这引发了下述问题：当她在幼儿园需要大便的时候，结果是怎么样的？他们给她换尿布了吗？如果他们嘲笑她，她可能会和他们对抗，因此不肯停止使用尿布。这个因素值得了解清楚。

而且，如果他们没有小号的便盆，而是用马桶，而她在家只用过便盆，那么她坐在大马桶上会感到很紧张。我经常听说，幼儿园的孩子看到有些孩子在学校"掉进"马桶，因此感到非常害怕。这也需要弄清楚。（除非她在家用过马桶，而且你们知道她愿意用马桶。）

她的身体习惯了蹲着大便。这是最常见的原因。很多孩子在使用马桶时缺乏用力点，因为他们的腿悬在空中，而这会导致肛门肌肉收缩，难以排出大便。但即便使用便盆的时候，小孩子们也不能采取他们常用的姿势来排便，因为他们不是蹲着，而是坐着。他们的身体因此需要重新接受训练。

所以，如果她在家使用便盆的话，你需要买个很矮的便盆，以便她的膝盖比屁股高，当然她的腿得平放在地面上，这样她会觉得自己是蹲着的。如果她用马桶的话，你也许考虑买个安放在马桶上的儿童专用马桶梯，这能够给予孩子帮助和安全感，并能给予她用力点。

她不想让人看见。小孩子们会偷偷地大便，这是很正常的。她穿着尿布时通常在哪里大便？可以将新的便盆放在那里，告诉她可以穿着尿布蹲在上面。但此后你得跟着她，确保她蹲在便盆上，这就在某种程度上阻止了她想要偷偷大便的企图。更好的方法是，如果她每天在固定时间排便，你可以利用新便盆大做文章。告诉她，她可以和它单独度过某些特殊时光，她甚至可以穿着尿布大便，不让人看见。但她必须蹲在厕所的便盆上大便。用各种方法来激励她。

她需要鼓励。你想想看，你女儿没有理由使用便盆；这只对你有好处（或者至少她是这样认为的）。她已经养成了这种习惯，而要改变习惯是很难的，甚至是令人害怕的。你可能必须得提供某些激励措施，比如，如果她蹲在便盆上入厕，就可以让她从小篮子中的精装小礼物中挑选一件并打开。通常来说，除了父母的拥抱以外，我不建议采取其他的"奖励"，但我听说很多孩子很难完成这个转变，他们会憋着不拉，结果患上便秘，从而形成了恶性循环。我认为，为了让他们试着改变这个根深蒂固的习惯，或许可以给他们提供某些奖励。

这并不是说真的要买很多小玩具。而是当她成功地在便盆上大便之后，可以让她玩两个小时这个玩具，但之后可以将这个玩具放回篮子，这样她就会期待下次可以再玩。有时候，这能给她很大的动力，会鼓励她再次使用便盆。

我认识一个家庭，只有在孩子使用便盆的时候，才能让他玩手持视频游戏。他们的儿子本来坚决拒绝使用便盆，但这个方法似乎非常快速有效地解决了这个问题。

她习惯了穿着尿布，不穿尿布就不敢大便。这也是很常见的原因。告诉她，她可以拉在尿布里，没问题。她可以穿着尿布坐在便盆上。当她这样做过以后，在厕所里给她换掉尿布，并让她帮你将尿布里的脏物冲走，并提醒她"便便冲进马桶了"（注意：显然只有在她不害怕马桶的情况下，才能这样做，并且要让她来冲马桶）。

给她几周的时间，让她养成在厕所里大便的习惯。让她蹲在便盆上将大便拉在尿布里，然后开始松开尿布，让她仍然穿着尿布，但尿布不紧紧地贴在她身上。每天逐渐将尿布松开更多，直到最后，她将大便拉在尿布上，但尿布并没有碰到她的身体。这样离成功就指日可待了（在她坐下的时候帮她脱下尿布，看，她在便盆上大便啦）！

我要给你讲个故事。我儿子在你女儿这个年纪的时候，他也愿意尿在马桶里，但他得穿着尿布大便。有一天，在给他换尿布的时候我说："如果你决定用马桶拉便便，我会很高兴的。"他很吃惊，问："为什么？"显然，尽管我曾经告诉他，以后他得使用马桶，便便应该拉在马桶里，但他并未真正理解。我告诉他："因为我爱你，但我不喜欢换沾满便便的尿布。"从那以后，他拉便便的时候再也不用尿布了！我认为，只要不引起对抗，不涉及到任何惩罚措施，你可以说出你的意愿。

希望我的建议对你有用。请告诉我进展如何。祝你好运！

劳拉博士

20

孩子害怕使用卫生间，怎么办？

亲爱的劳拉博士：

我有个 3 岁半的儿子，他的如厕问题让我很是头疼。他从 3 岁开始就学会了使用卫生间，但大约 5–6 个月以前，他不再在便盆中大便了。他会等到钻进舒适的被窝并穿上尿布以后才开始拉便便。我的家庭医生说，他可能患有便秘。这吓到了他，让他退回了从前的样子。我几乎尝试过各种方法，想要让他重新在便盆中拉便便。我知道他的作息时间表，因此，我们在他每晚睡觉之前都会试试。他会读书，我们会学单词卡，唱歌，牵手……我会离开房间，以便尊重他的隐私。我也在便盆坐垫下面放有尿布，但都没有用。我没收了他心爱的玩具，也不管用。我也用冰激凌派对、棒棒糖和迈克尔·杰克逊的舞姿做过诱饵，都不管用。有时眼看着他就要拉便便了，但他会开始哭泣，说自己很疼，然后就不拉了。

我最后的招数是试着使用儿童通便剂或大便松软剂来缓解他可能的紧张或痛苦。你能提供什么有用的点子或建议，帮我解决这个难题吗？任何帮助我都会感激不尽。

　　谢谢！

萨拉

萨拉：

　　我帮助过许多类似的家长，他们都通过逗孩子发笑解决了这个问题。笑声能够消除恐惧。既然他已经满3岁半了，奖励措施也可能有用，但似乎这些措施本身还不足以消除他的恐惧，但笑声也许能做到。我也赞成使用大便松软剂，以便确保大便绝对不会让他痛苦。

　　下面这篇文章是我以前撰写的，谈到了我的来访者如何帮助自己的孩子克服对使用便盆的恐惧。

　　　海莉的父母决定直接消除她的恐惧。他们开始每晚采用情绪释放疗法并和她做放松练习，以便帮助她放松下来。他们每天都会和她嬉闹摔跤，帮她建立自己对身体的信心。他们会玩驯马之类的游戏，逗她尖声大笑。最后，他们决定开始使用卫生间，直接帮助女儿消除她无所不在的恐惧。

　　　首先，她的父母通过游戏缓解了海莉的部分恐惧。他们完全不向她施加压力，从不敦促海莉使用卫生间，相反，他们善于拿"卫生间"开玩笑，编造了许多好笑的歌曲，让海莉挑选早餐麦片放进便盆中，让她在上面尿尿，并经常拿身体功能开玩笑，逗海莉发笑。

　　　然后，他们开始假装非常担心掉进卫生间里，不敢使用卫生间，通过这种方式来逗海莉发笑，让她宽心。他们会在卫生间门外跳来跳去，假装想上卫生间但又非常害怕的样子。这样过了几个星期以后，他们挑了某个有空的周末，告诉海莉，他们要帮助她学会使用卫生间，因此，这个周末不会用尿布。

海莉的焦虑演变成极度的恐慌。她哭泣、尖叫、大发脾气、流汗、挣扎并躲在床下。她的父母互相帮助对方保持冷静和耐心，提醒对方说，他们没有伤害女儿，而是在帮她将以前折磨着她的深层恐惧呈现出来并消除掉。他们陪伴着海莉，安慰她说，他们会始终保护她，她的身体知道应该怎么办。最后，在妈妈紧紧的怀抱中，海莉学会了使用卫生间。等到那个周末结束时，每逢她需要上卫生间时，她都会告诉爸爸妈妈，并会毫无恐惧地坐到马桶上。

这是个成功案例吗？当然。但最重要的是，海莉在总体上变得更轻松，她的一些其他恐惧也从此消失了。当我们让焦虑不安的孩子克服掉昔日积压在心头的恐惧后，我们就能让他们在以后的整个生活中更勇敢、更自由。

希望这能帮到你。祝你好运！

劳拉博士

21

为什么孩子突然开始尿床?

亲爱的劳拉博士:

我的儿子从 2 岁起开始接受如厕训练,长期都穿着内衣睡觉,从来没有尿过床。

但最近三四天,他晚上都会尿床。在他尿床以后,我会把他抱到我床上,以便晾干他的床单(我曾经撤换了全家所有的床单被罩)。这个周末,他有三次都尿在浴室地板上!

我不明白为什么会发生这种事情,我感到很沮丧。有什么建议吗?

另外,家中只有我和他,长期以来都是这样。

贝卡

贝卡:

我认为你儿子尿床并不是为了睡在你的床上,因为他也会尿在你床上。但我也认为你不应该在他每次尿床后将他抱到你的床上,这样很容易让他习惯于尿床。或许你可以在他房间里铺上地毯和睡袋,让他睡在睡袋里（可以在睡袋和地毯之间铺上塑料布）。

当然，更重要的问题是，他为什么会出现这种退步。最近他是否遇到了什么不开心的事情呢？他是否在日托中心遇到了某些事情，而你没有觉察到呢？他是否为某件事情而生气呢？你是否有新约会呢？是否采用了某种新的管教方法呢？换了保姆吗？他也有可能是生病了，这通常会让孩子出现退步行为。

不要因此严厉地责备儿子。他随地小便并不是为了刁难你。显然他心里感到不对劲，所以才会做出这种反应。你只要保持平静，并告诉他："噢，你尿床了。我们一起来清理干净吧。你可以用这个毛巾将地板擦干净。"耐心地和他共同完成清理工作，并留意哪些事情让他感到不安，这样就会让他恢复正常。我保证，这么早就掌握了如厕技巧的孩子不可能长时间尿床。

劳拉博士

亲爱的劳拉博士：

谢谢你的建议。以下回复你的问题。

我决定在我儿子尿床之后不再将他抱到我房间里来，他房间里也有个安逸枕，我可以将他放在那里，然后清理他的床单。

他最近是否遇到了不开心的事情呢？——没有。家里没有任何变故。

他是否在日托中心遇到了什么事情，而我没有觉察到呢？——在日托，他非常喜欢的小"女朋友"艾娃大约一个月前转到了学前班。我儿子最开始为此很伤心，但他知道自己圣诞节之后就要转到艾娃所在的班级了。

除了在家尿床，他也在日托中心睡午觉时将大便拉在了床上（以前从未发生过这种事情）。

是否有什么事让他生气呢？——他从来没告诉我，我觉得没有。

我是否有新的约会呢？——没有。我没有和任何人约会。

是否采取了新的管教方法呢？——是的。最近几个星期，我发现自己很难保持耐心，有时候会吼他（然后又会狠狠地自责很长时间），我不知道这两者何者为因，何者为果（此外，他以前根本没有任何行为问题，但最近开始经常试探我，挑战我的底线，有时对我充耳不闻，不听话）。

换了保姆吗？——不，始终是我妈妈在照顾他。

他也可能生病了，这通常会导致孩子出现退步行为。是的，他的确感冒了。尽管现在还只有鼻塞等症状，但我认为已经"酝酿"了几个星期了（与尿床问题同时发生）。

他的确很喜欢清理工作，所以和他共同清理房间是个好主意。

非常感谢你的建议。

贝卡

亲爱的贝卡：

听起来你的小宝贝有很多问题需要面对。他最好的朋友转到了别的班级。他知道他也会转到那个班上，这让他很焦虑，因为这是个很大的改变，而且无法缓解他现在对她的极度思念。他在日托睡午觉的时候拉大便，这表明日托中心有些事情让他感到不安。这些事情对我们来说可能没什么大不了的，但对于2岁的孩子来说，却不是这样。他在很多方面还是个婴儿。

由此说到他最近表现出来的让你头疼的行为。他目前非常令人头疼，这在他这个年龄不足为奇。这对单亲妈妈来说是个难题。到目前为止，你做得很棒，你可以继续保持下去。但你得确保，你拥有属于你自己的时间和支撑力量。告诉自己需要拥有更多耐心还不够，你还需要在内心真正感受到平静，这样，你才能带着爱意耐心地养育孩子。

从你的来信中，我感觉到，你自己的内心还不完满。没有这种内在的完满，我们的爱就无法流进孩子的心中。而只有在我们爱自己以后，我们才能让我们的内心变得完满。在此之前，我们很难真正从他人那里获得爱，甚至很难让爱进入我们的生命之中。

所以我要在这里提醒你，你儿子是个正常的 2 岁孩子，你有义务保持亲切和耐心，大事化小，千万不要朝他大喊大叫。但我也请你爱自己，无论怎样，都不要过于苛责自己。就像所有其他人一样，你也不完美。如果你能完全爱自己、接纳自己，并接纳你的儿子，你就会成为更好的妈妈。

最重要的是，对 2 岁的孩子大喊大叫会让他们出现退步行为，随地小便。当我们大吼大叫的时候，他们会报之以怒气。但他们会对此感到非常愧疚，甚至无法承认这一点。但怒气终归会显露出来，他们会随地小便，然后他们会感到更加糟糕。现在你对他越温柔，他就会越快地重新变乖并使用卫生间。

祝福你和你儿子！

劳拉博士

22

4 岁孩子尿裤子，是什么原因?

亲爱的劳拉博士：

　　请帮帮我！我 4 岁的女儿在满 3 岁前就开始接受如厕训练了。直到几个月前为止，她都完全没有尿过裤子。但现在，她每天都会尿裤子。她有时候会撒整泡尿，有时候仅仅尿湿内裤而已。我带她去看过两次医生。首次看医生时，她患有轻度的尿路感染；第二次去时，什么病都没有！似乎完全是行为问题。我最初试图将她关禁闭，然后试图忽略这件事。现在，在她尿过裤子以后，我就让她穿上尿不湿并穿到洗澡为止。但这些措施都没有奏效！她会整天穿着湿裤子不说半句话。我真的认为这与身体健康无关，因为她尚未在夜间和午睡时尿过床。

　　每个人都不断地说，这只是个阶段性问题，但阶段性问题会延续几个月吗？

　　谢谢！

克丽缇雅

亲爱的克丽缇雅：

这种情况对你和你女儿来说都太令人沮丧了！在她学会上厕所小便以后，每天又开始尿裤子让你感到很烦恼，更不要说由此造成的不便了。这也让她很烦恼，尽管她没有表现出来。

你说这不是身体问题，我不知道你是否说得对。年幼女孩的尿路感染有时候是便秘的症状。便秘往往会造成尿裤子，因为直肠蓄积过多排泄物时会压迫膀胱。因此，如果你女儿的大便偏稀并次数频繁，我首先建议你找儿科医生给她做直肠 X 光检查。

但我不是医生，而你给我写信寻求心理学建议，所以，我们现在不妨从你女儿的角度来看看这些事情。她患上了尿路感染，自然开始尿裤子。她还没有恢复正常，还无法重新控制自己的身体。由于疾病、压力（比如转校）和其他因素而尿裤子的现象并不罕见。不管如何，成人使用卫生间好多年了，而 4 岁孩子只这样做才一年。许许多多 4 岁的孩子确实都会尿裤子并再次穿上尿不湿。甚至你没注意到或觉得微不足道的事情，都足以让 4 岁孩子失控。

不幸的是，当你考虑帮助她重新学会正常如厕的时候，你惩罚她。大量的研究表明，惩罚孩子尿裤子似乎总是会加剧这种行为。我们不知道其原因何在，但这可能是因为孩子不再将如厕视为学习技能的机会（所有孩子都想学习技能），转而将它视为自己与父母之间的战场，在这个战场中，如厕由父母负责，不再由孩子做主。她之所以会穿着湿裤子，可能是因为她不敢告诉你自己尿裤子了。不管如何，这比接受惩罚和羞辱要好受些，对吧？

那么，你现在应该怎么办呢？要无条件地爱你的女儿，消除她的压力，将这视为如厕训练的开端。如果我是你，我会让她坐在我的膝盖上，温柔地拥抱她，然后说些这样的话："我发现你现在经常尿裤子。我知道，有时想尿尿时我们事先觉察不到。你想暂时先穿上尿不湿吗，直到你每次都记得上卫生间为止？我也会帮助你学会如何如厕。不管发生什么事，我俩每隔一个小时就去一趟卫生间，好吗？"

然后，每隔一个小时就提醒她小便。你也跟着她这样做。这让她不会成为时时需要别人提醒的坏孩子。相反，这会成为你家中的规矩。等到她习惯了这种规矩并不再尿裤子的时候，你就可以重新让她穿内裤了。

但是，如果她不肯重新穿尿不湿，这时情况就更加难办。你可以这样说："我知道你非常想穿内裤。但最近我发现你经常尿裤子。你同意每隔一个小时就和我上卫生间吗？"然后，当她尿裤子时（几乎可以肯定的是，她还会尿裤子），你需要保持非常轻松的语气：

> "我知道你尿裤子了。我知道，你很难每次都让自己及时上卫生间，但你很快就会像以前那样，记得这样去做。但是，穿湿衣服对身体不好，你得照顾好你的身体，对吧？现在到房间里去换上干净的内衣内裤，好吗？将你的湿衣服脱下以后放在洗衣篮，我们会洗干净。"

记得要克制任何惩罚她的冲动。

尽量将她的衣服放在她能够拿到的地方，不需要你动手。这样，当她尿裤子以后，她就不会让你知道，也不会给你添麻烦。很快，她就会认识到，换衣服比上卫生间要麻烦。如果不管发生什么事，你都能保持轻松愉快的语气，你会惊讶地发现，她很快就不再尿裤子了。

另外，我建议你必要时给她做直肠 X 光检查。许多这个年龄段尿裤子的孩子都患有便秘，不帮助他们是不对的。

劳拉博士

23

如何应对恼人的便秘和大便失禁?

亲爱的劳拉博士:

　　我的儿子 3 岁时就存在排便（大便）问题，当他大便时我只能在卫生间陪着他，几乎要抠开他的肛门，才能帮助他拉出大便。我相信这让他很痛苦。最后我们不得不去医院，医生给他开了冲剂，帮助他按时大便。他现在 5 岁，仍然便秘。我让他吃通便药，但他不肯大便。他通常会憋很久，然后拉在裤子里面。我不知道还有什么其他办法吗？

　　　　　　　　　　　　　　　　　　　　　一个 5 岁男孩的妈妈

　　我知道你很沮丧和担心。似乎你 5 岁的儿子因为大便困难吃过不少苦头。顺带说的是，我觉得这不是你在他 3 岁时给他抠肛门引起的。孩子们因为排便困难而养成"便秘"的习惯是非常常见的事情。有时候，其他压力因素也会导致便秘。不幸的是，便秘很快就会成为习惯，会让宿便越积越多，排便也会更加痛苦，因此，不肯大便会导致恶性循环。

　　不幸的是，你的儿子需要借助药物来排便，对孩子来说，这种药物依赖其实是不必要的。而且药物会导致大便失禁，更严重的是，即便使用药物，他也不肯大便，最终还是拉在裤子里面。

我知道，这似乎是个心理问题，而且可能已经是这样了，但我劝你还是将它视为生理问题。孩子们迫切希望解决这个问题，但这由不得他们，因为他们的身体无法正常运转。他拉大便时可能仍然很痛苦，但他可能再也意识不到自己需要排便，或者，他的结肠可能会扩张，这会让宿便越积越多，排便也更加痛苦。因此，这不完全是个心理问题。他的结肠功能与你我不同。我想，既然你带儿子去过医院，肯定会有医生跟踪他的病情。这很重要，因为结肠可能会受到影响。我是个心理学家，不是医生，因此，我希望你能咨询医生。

你显然已经知道你的目标就是帮助儿子克服对大便的恐惧。但是，他可能也需要先让结肠恢复正常功能。我建议你采用下述方法，看看一个月之内有何变化：

1. 确保他在大便时不会感到痛苦。这意味着你确实需要让他服用药物来软化大便。要让他的大便黏稠如麦片粥。当然，你也需要确保他的饮食健康，摄入足够的水分、纤维和油脂，等等。

2. 确保你儿子的身体由他自己做主。换句话来说，只要用药物能够让他顺利排便，那就不要使用灌肠剂。这不会导致痉挛，并且让你儿子能够自主决定何时排便，如果有效的话，这是个好办法。

3. 在你儿子上卫生间时，经常坐在他身旁陪伴他，至少每天两次。你的目标是陪伴他，让他不再担心排便很痛苦，并帮助他放松下来，顺利排出大便。不妨在排便之前让他洗个温水澡。然后，找些他能在大便时阅读的特殊书籍，或者能够和你玩耍的特殊游戏。要将这些时光变得非常有趣。你是他的父母、助手和拉拉队长。如果他能顺利排便，那就祝贺他。每次陪他在卫生间待半个小时，鼓励他大便。如果他在半个小时以后没有排出大便，那就说："没事，我们休息片刻，在你想回来大便的时候请告诉我，好吗？"

4. 每天都安排他在相同的时间拉大便，帮助他养成习惯，最好是在饭后不久。在吃过饭以后，肠道会不断蠕动，引导食物向下运行，因此，这时比较容易排出大便。

5. 教导儿子采取压力均衡法来排出大便。他需要：

- 屏住呼吸
- 按摩腹肌
- 用力排出大便

6. 让儿子决定使用便盆椅还是马桶。我知道，对他来说，便盆很可能太小了，但可能会更舒服。也有孩子害怕掉进马桶里。许多其他孩子因为双脚悬空，在排便时用不上力。双腿悬空会导致直肠肌收缩，不利于排便。你可以考虑买个儿童专用便桶，它能够让孩子获得支撑点和安全感，并能在排便时用力。目前，最重要的是让你儿子经常顺利排出大便。在实现这个目标以后，你可以帮助他使用普通马桶。

7. 如果你尽量让他使用便盆，他仍然拉在裤子上，那也不要惩罚他。这只会让他将脏裤子藏起来，开始向你撒谎。你当然不希望他养成这种习惯。相反，要做个深呼吸，尽力保持冷静，说："我猜你这次来不及使用马桶。很快，你就会每次都上卫生间了。我要怎样做，才能帮助你使用马桶，而不是拉在裤子上呢？"他当然不知道。大多数大便失禁的孩子都在已经开始拉出大便的时候才想到去卫生间。

你现在必须解决这个问题。因为当孩子们达到上学年龄时，解决它就要困难得多，而这会导致各种其他问题，尤其是这会导致结肠扩张，并且让他察觉不到自己何时需要大便。学龄孩子往往会开始隐瞒问题，在学校中大小便失禁会损害他们的自尊心。因此，我只建议你将上述方法试一个月。如果有好转，那当然是好事，继续坚持下去。在半年以内，你儿子就会恢复正常，你就能让他逐渐戒掉药物。

然而，如果你在一个月以内没有看到好转的迹象，我强烈建议你采取更果断的措施，咨询肠胃科医生，看看你儿子体内是否存在宿便。在他采取上述方法恢复正常之前，可能需要全面清理他的肠道。

希望你能幸运地解决这个大难题。记住，在这个过程中，要尽量对儿子保持耐心并爱他，无条件地爱他。你的爱能够帮助他克服这个问题，并让他的自尊心毫不受损。请告知我进展如何。

祝好！

劳拉博士

第三部分　情商培养

1

怎样帮助幼儿理解情绪？

亲爱的劳拉博士：

你总是说，要教导幼儿利用语言来表达自己的情绪，通过这种方式来帮助他们理解情绪。你是怎么做的？从何时着手呢？孩子18个月的时候吗？

谢谢！

一位妈妈

真是个好问题！事实上，在孩子18个月以前，我们已经在帮助他们识别情绪了。每当我们说到某种情绪的时候，我们就在这样做。到18个月大时，孩子们已经拥有了大量的词汇。在孩子们真正能够运用这些词汇之前，大约需要先花6个月时间听到这些词汇。所以当我们刚开始对孩子讲话的时候，我们就要开始使用"情绪"词汇。

既然用语言来表达感受能够帮助孩子们学会管理各种强烈情绪，那么，我们如何帮助孩子学会这样做呢？

1. 从孩子很小的时候就体谅他的感受，尽量多地用语言描述他的情绪

"哇！好冷！"

"笑得真美！你很高兴！"

"你很伤心，就是需要哭出来。没关系，亲爱的，你发泄那些悲伤情绪的时候，妈妈会抱着你。"

"你很生气！你不喜欢哥哥推你。来吧，爸爸会帮你告诉他，让他不要再推你了。"

同样，我们可以示范如何感谢玛格丽特姑姑所送的礼物，我们可以抱着孩子对姑姑说："约什喜欢卡车玩具，姑姑，非常谢谢你！"当哥哥推孩子的时候，我们在支持孩子时可以代替他们用语言来表达愤怒："亚历山大说他不喜欢你推他。"

2. 玩"猜情绪"游戏

用表情表达出某种情绪，让另一方来猜。小孩子们喜欢这种游戏。通常等到孩子 2 岁以后，能够用语言描述各种情绪的时候，就能玩这个游戏。

3. 玩"如果你很快乐你就拍拍手"游戏

"如果你很快乐，你就拍拍手。

如果你很生气，你就跺跺脚。

如果你很难过，你就擦擦泪。

如果你很饿了，你就揉揉肚子。

如果你累了，你就打哈欠。

如果你很紧张，你就蹦蹦跳。

如果你很害羞，你就从手缝里偷着看。

如果你很尴尬，你就笑着扭扭身子。

如果有人爱你，你就抱抱爸和妈。"

这个游戏很有趣，适合所有年纪的孩子，而且可以帮助孩子识别身体情绪。毕竟孩子是通过身体来体验各种情绪的。

你也可以利用这个游戏来帮助孩子处理情绪，例如：

"如果你很生气——

吹吹气，晃一晃，叫一叫，跳一跳。"

4. 用填充玩具玩"情绪"游戏

父母用填充玩具表演各种情绪，孩子告诉父母"我很生气"并扮演相应的角色。当然，父母要接受他的情绪，并以爱意帮助他们面对各种情绪。当我 3 岁的孩子抱着他的玩具火车头说：

"戈顿，我对你很生气，我要把你扔进垃圾箱里！"

我这样回应："托马斯，没关系，你可以在对别人生气的同时仍然爱他。"

5. 讲述你孩子的情绪变化

"杰克来找你玩，你非常兴奋……然后他玩了你的卡车玩具，你很着急。可能你担心杰克会将卡车带回家？但你的卡车不会离开你的，它是你的，所以没有人可以拿回家。杰克正玩得高兴，你说'不行！'然后你打了杰克，对吧？你不想让他玩。然后我说'不许打人！'我将卡车拿走放在很高的地方，你不停地哭。我抱着你，你感觉好受些了。然后你和杰克一起玩火车。然后杰克回家了，现在你手上就拿着卡车。"

为什么要讲这样的故事呢？为了帮助你的孩子理解所有那些强烈的情绪，并让他知道，尽管你不允许他为了卡车打他的朋友，但你接受他所有的情绪。

6. 阅读有关情绪的书籍

阿里吉的《情绪》是我女儿多年以来最爱的书籍，不过对 18 个月的孩子来说，给他读这本书还为时尚早。但市面上还有很多适合幼儿的好书，你可以找到。

劳拉博士

2

为什么孩子总发脾气?

亲爱的劳拉博士:

我的儿子13个月大。当事情不如他所愿的时候,他就会大发脾气。如果你不顺从他的意思,他会打你,扔东西,声嘶力竭地哭闹几个小时。他还不会说话,所以我们很难明白他到底想要怎样。

我不知道该怎样来改善这种状况,并让他感到快乐。

忧心的妈妈

1岁左右的孩子出现这样的行为并不少见。我希望你能放心,这其实是非常健康的发展:你的孩子开始确立自己独立的人格,并拥有自身的愿望和需求。

随着孩子的注意力越来越专注,他们会越来越清楚自己的需求,如同我们成人一样,他们会尝试确立自己对于环境的某种控制能力,以便满足他们的需求。他还不会说话,但他无疑能够通过身体的反抗来表达他的感受。虽然父母很难应付这种状况,但这种自我肯定其实是健康而正常的发展阶段。事实上，它通常会让父母感到震惊——那个可爱听话的孩子到哪儿去了呢？

要这样想。这是他首次表达他对这个世界具有"影响力"，他具有表达自己需要并试图得到它的能力。你希望他觉得自己能够对世界产生影响，而乐观、能力和信心就是这样培养起来的。更重要的是，当他看见你希望能满足他的愿望时，他就知道有人爱他。

所以，当孩子表达他的愿望，而你满足他的时候，那就太好了。如果他表达了自己的愿望，而你出于安全或其他重要考虑而无法满足时，你至少要让他觉得，你聆听了他的愿望，而且你有充分的理由不帮助他满足愿望，他仍然认为你在维护他的利益，关注他的需求和愿望。

因此你可以考虑以下几点：

1. **越多控制权，越少发脾气。**小孩子对自己的生活越有控制权，他们就越没必要叛逆。因此，你可能会发现，如果你尽量让他自己选择和决定自己的生活（食物、衣服、玩具等），他就越少发脾气。

这是否意味着你必须屈服于他的所有愿望呢？当然不是。这意味着，在这个阶段，作为家长，你必须具有创造性。你支持他对独立自主的需求，只要确保他的安全。比如，让他从你们都认同的两种方案中做出选择："现在我们必须上车了。你要自己爬上去呢（你可能得帮帮他），还是要我把你抱上去呢？"

2. **孩子哭闹时请安抚他。**在你无法满足他的愿望时，你得体谅他的感受。"你想吃一块饼干，但我们的规则是，饭前不能吃饼干。到妈妈这里来，让妈妈抱抱，我们喝点牛奶吧。"他或许会继续哭闹，但最终他将明白，他不能始终如愿以偿，但他能够得到某些更好的东西：妈妈很重视他的愿望，而且知道他不高兴。

我知道，很多专家提倡父母忽略孩子的哭闹，但那种建议过时了，而且这是个很糟糕的主意。当你因为某件事感到不开心时，如果你丈夫视而不见，你对丈夫会有怎样的感受呢？那样绝对无法与他人建立良好的关系。它会传达出这样的信息：他不应该有自己的感受。这会让他学会压抑自己的感受，并很容易导致幼儿期情绪大爆发，以及成年期的情感抑郁。

你的儿子试图表达某些他无法通过其他方式表达的东西。他发脾气并非为了博取你们的关注，而是因为他只有 13 个月大，对所有事物都充满了热情，但还没有能力控制自己而已。

当我们忽视孩子的哭闹时，他们会更多地发脾气。当我们"屈服于"他们的哭闹，满足他们的愿望时，他们也会更多地发脾气。但当我们的孩子表达出不高兴的情绪，我们予以安抚并表达体谅之情时，他们就会少发脾气。因此，请不要担心安抚会使他们变本加厉地哭闹。

3. 事先做好功课，避免孩子发脾气。有些发脾气是可以避免的，如果可能的话，最好避免它们，因为它们会让孩子感到害怕。发脾气是无能为力的体现，所以，如果孩子觉得自己在某种程度上掌控着自己的生活，他们发脾气的可能性就会少得多。孩子开始发脾气之前如何消解它们：

● 避免对抗

给孩子留点脸面。你不必证明自己是正确的。你儿子试图证明，他是个真正的人，在世界上拥有某些真实的权利，这非常合理。在不影响安全、健康或其他人权利的前提之下，允许他说"不"。

● 孩子大多是在饥饿或疲倦的时候发脾气

提前喂食和让孩子小睡，严格遵守睡眠时间，营造没有媒体刺激的平和氛围。这样可以避开导致孩子发脾气的大多数诱因，并让变得烦躁的孩子重新恢复平静。学会对自己说不！不要做压死骆驼的最后一根稻草，在孩子感到饥饿或疲倦的时候拽着他去购物，而是将就一下或者明天再买。

● 接纳孩子的感受

允许他有自己的愿望，允许他在遭到你拒绝之后产生强烈的情绪。善意地对待他的愿望，在你拒绝他的请求之时要与他保持联结：认可他的愿望，但不要屈服于他的愿望，这会妨碍自己做出更好的判断。

● 确保你儿子和你共度足够的"惬意时光"

如果你曾经认为你的孩子发脾气"只是为了得到关注"，那么他当真需要你的关注，你能采取的唯一回应方式就是关注他。感到需求没有得到满足的孩子们更易于发脾气。如果你们整天都没有见到对方，那么在你买菜做晚饭或做其他事情之前，务必重新和他联络一下感情。

4.试着应对他发的脾气，避免让它们升级。如果你竭力采取了预防措施，他还是开始发脾气了，那么，记住：千万不要斩断你们之间的联结。即便他不让你碰他，你也要待在他旁边。他需要知道你就在那里，而且仍然爱着他。保持冷静并安慰他。不要试图和他讲道理，单单认可他的感受即可大大缩短他发脾气的时间。比如，你可以说："你很生气，你在告诉我你非常想吃那块糖。"（在那种时候，不要试图解释他为什么在饭前不能吃糖，当然你不能给他糖，你只要承认并体谅他的感受即可。）

如果他试图打你，你要么走开，要么轻轻地捉住他，让他无法打到你。你可以说："你对我很生气。不能吃糖让你觉得非常伤心。"最终，他会不再感到愤怒，转而感受到愤怒背后的悲伤情绪。记住，哭泣对他来说并非坏事。小孩子有很多失望情绪。有时候他们和成人一样，也需要哭泣。

你的儿子需要知道，无论他有怎样的情绪，你都爱他，等他准备好以后，你就会帮助他重新冷静下来。之后，你要采取弥补措施，和他共同度过"惬意时光"，这样他就会知道你仍然爱他，并因此感到放心。

不要着急。这一切都会过去的！

劳拉博士

3

孩子一不高兴就打妈妈，怎么办？

亲爱的劳拉博士：

我的女儿 14 个月大，她很可爱，也很漂亮。最近，她不高兴的时候，开始用拳头和手掌打我的脸。我总是抓住她的手，坚定地说，"我们不能打妈妈"或"不许打妈妈"，但她仍然这样做。如果她不能如愿得到她想要的东西，或者我从她手里拿走可能伤害她的东西，情况就会更糟。然而，我们每天都会碰到好几次这种情况，如果她感觉不舒服（比如长牙齿的时候），次数就会更多。很多次，当我告诉她不要打我的时候，她就会开始哭，只要她瘪嘴要哭，我就会觉得很难受，就会抱着她并告诉她没关系。我是个新手妈妈，不知道这样做到底对不对。如果你能给我一些建议，我将非常感谢。

谢谢！

阿比

亲爱的阿比：

你做的是对的：立刻阻止你女儿打人并告诉她你不希望她打你。但你要语调柔和，不要"教训"她。打人是绝对不允许的，无论你的女儿感受如何，你都不想让她在与人相处时动手打人。因此，你应该马上坚决制止她。与此同时，她之所以打你，并不是因为她坏或残忍，而是因为她太小，需要你帮助她处理强烈的情绪，她打你是她在寻求你的帮助。

孩子都很敏感，他们每天都需要处理过多的紧张情绪，包括疼痛（长牙）、失望（对他们来说，感觉就像是世界末日）等。他们的大脑和神经系统尚未充分发育，不足以有效地管理这些情绪，因此他们通常会诉诸更原始的表达方式。

你或许已经注意到，在人类所有的愤怒情绪下，隐藏着更脆弱的感情：伤害、恐惧和疼痛。所有这些感情会让你感到无能为力。人类发现这些感受非常难以忍受，以致我们会转而通过愤怒来抗拒它们。孩子们也不例外。当他们感到疼痛、伤害或恐惧之时，他们会变得愤怒，与我们一样。

在14个月大的时候，你的孩子通过打你的方式来应对这些愤怒情绪以及隐藏在背后的失望或疼痛。当你用"温柔"的语气告诉她不能打人时，她就会瘪嘴，这是个重要迹象。它表示，你已经透过愤怒，接触到隐藏在背后的情绪。感受和表达那些较深的负面情绪，接触到她"耍性子"的根源，是她在当时所需要的（"耍性子"的意思正是如此：我们不感受我们的情绪，而是将之发泄出去）。

此后，当你女儿哭泣，而你将她抱起时，在你安全的臂弯和关爱之中，她就能抒发那些"讨厌"的情绪。她会认识到，她不可能总是得偿所愿（比如你从她手里拿走的那个危险物品），但她可以拥有更重要的东西，她知道有人爱她，并接受她的全部，包括那些负性情绪。那种无条件的爱是所有孩子能够得到的最佳礼物，也是所有情感健康的基础。

相反，如果你报之以愤怒，你女儿就永远接触不到那些深层的情绪。她会继续愤怒，甚至在打你的同时冲你笑。无论如何，她很可能会继续打你。

很多父母发现，当他们态度严肃地坚决制止孩子打人的时候，孩子就会停止打人。如果他们犹豫不定，不确定是否会伤害孩子的感受，孩子就会继续打人，因为界限并不明确。还有些父母发现，当他们惩罚或反击的时候，孩子会继续打人，但此时孩子打人或许是出于不同的原因：小家伙生气了。

所以，你完全可以通过温柔但坚定的回应来制止孩子继续打人，你也可以用言语安慰她的感受，让她不必因此要性子。

既然她明白"不许打人"的讯息，说明她已经可以理解"你很难过，你想要那个东西"之类的讯息了。在表明你理解她的感受之后，紧接着要确立界限，就像你所做的那样："你怎么生气都行，但我不允许你打我。"给她机会，让她把感受哭出来，并给予她安慰和理解："你感到非常难过和生气。"

只要你给她安慰，她完全可以通过哭泣发泄掉失望的情绪。有时候，哭泣正是孩子所需要的东西。如果通过分散她的注意力来让她停止哭泣，这可能会形成危及她日后的有害生活模式，比如，她可能会通过食物、购物或酒精来逃避自己的感受。

所以，每当你女儿向你"展示"她的不安之时，要让她知道，尽管你不能答应她的要求，但你希望她快乐。通过这样的方式，我们的孩子就会明白，即便我们确定的界限让他们感到沮丧，但我们是爱他们的。所以，应按照如下顺序做出反应：

- 设置界限（不许打人）
- 表示理解，并接受她的情绪（"你很失望"）
- 安慰她，让她通过哭泣将情绪发泄出来
- 帮助她想办法改变心情

如果你能这样做，你就为你女儿终身的情感健康奠定了基础。

劳拉博士

4

1岁多的孩子被烟雾报警器吓坏了!

亲爱的劳拉博士:

我们的女儿现在 1 岁 3 个月大,大约 4 天前的夜里,在她熟睡的时候,烟雾报警器响了,声音非常大。我跑进她的卧室,她被吓着了,搂着我的脖子,浑身发抖。

现在她仍然非常非常害怕,无法在自己卧室里入睡。即便将她抱到我们的房间睡觉,她也要我俩陪着。吃了奶以后,她每隔半分钟就会翻个身,以确保我丈夫也在房间里陪着,然后她会向他送上甜甜的吻。要是爸爸试图溜出去,她就会大声哭喊。我想听听你的建议,如何才能让她开心地回到自己的卧室睡觉,并帮助她克服人生道路上这个惊险的小插曲。

非常感谢。

吉拉

吉拉:

你的女儿受到了很大的惊吓,以致她害怕自己会死。这种恐惧还在她的心中，让她竭尽全力地寻求安全感，消除积压在心头的强烈恐惧，以免再遭受这种事情。她不想感受到它们，然而，在睡觉的时候，它们会隐隐浮现出来。因此，她现在不仅需要像往常那样吃奶，而且需要爸爸来保护。你说得对，她的吻很美好，但也是有问题的。这不仅是因为她现在睡觉时需要你俩陪着她，再也不肯像往常那样在自己的卧室中睡觉，更是因为当孩子压抑自己的恐惧时，恐惧就会通过其他方式呈现出来，导致孩子的行为变得很固执，例如，在我熟睡时，爸爸必须陪着我，甚至很不听话（这是求助的信号）。

你应该怎么办呢？

你可以帮助女儿重新体验她的痛苦，但你要陪着她并保护她。今天晚上，可以带她进入自己的卧室，像往常那样照顾她睡觉。她会哭，这很好，因为这意味着她在表达恐惧。抱着她并告诉她你会保护她。当她开始安静下来时，给她讲讲吓坏她的烟雾警报是怎么回事。帮助她运用言语和逻辑，理性地了解过去发生的事情，以便她能理清头绪。这会止住隐藏在黑暗之中的痛苦，并让她知道这是怎么回事。当然，当我们重新体验到伤痛之时，她会哭得更厉害，这意味着她有更多的恐惧需要释放出来。别担心，治疗需要这个过程。只管始终抱着她并提醒她：你始终都会保护她，而且警报已经不再响了，她现在没事了；告诉她，如果她想哭，就尽情地哭，但你始终都会在这儿。

既然她似乎需要你俩都陪着她才感到特别安心，那么，最好你和她爸爸都能陪着她来完成这个小小的治疗过程。对她来说，这是关乎生死的事情。为什么你会让她重新经历它呢？因为这能让她深入了解她全部的恐惧并向你表达出来。在体验到恐惧之时，人们会打滚、挣扎、流汗、脸红，而且往往会干哭。如果她表现出所有这些迹象，就尽量抱着她，或者让她的爸爸抱着她。这会帮助她安下心来。坐在地上紧紧抱着她，这样做可能最有效。如果她想挣扎，那就不要按住她。既然她可能想要走到门外去，那么，最好的办法就是关上门然后坐在门前，让她在你温暖的怀抱中挣扎。

你在折磨她吗？没有。你平静地抱着她，这为她营造了安全的环境。你举着灯，照亮了笼罩着她的可怕阴影，然后，阴影消失了。你在告诉她："没事的，你很安全。看到了吗？你可以将恐惧展示给我们看看。""我们会看到的。我们始终会保护你。""它很可怕，但不要老是藏着那种恐惧。给我们看看，告诉我们。"如果她将恐惧给你"看"并摆脱了它，她会感到轻松得多。你就能继续像往常那样，只要喂奶就能哄她在自己的卧室入睡，而不需要你俩都陪着她了。

当然，如果她在夜里醒来，你需要尽快赶到她的卧室，当她再次向你讲述那个痛苦的夜晚时，她可能又会啼哭。你可能会连续经历好几个这样的夜晚。但是，如果你接纳她的情绪并让她表达出来，你就会发现，她能够将这种痛苦抛在身后，继续成长。你会发现，最困难的事情就是调整你本人的情绪，让你自己保持平静，以便帮助你的女儿康复。尽量保持放松吧，并记住痛苦已经造成了。现在，你需要帮助她恢复。

祝好！

劳拉博士

5

孩子为何总是哼哼唧唧？

亲爱的劳拉博士：

　　我儿子将近 16 个月大。他很特别，如果尝试过几次以后还不能如愿以偿，他就很容易沮丧。问题是，他的语言表达能力还不太好。所以，当他感到沮丧并需要帮助的时候，他会哼哼唧唧，或者发个小脾气，直到我插手帮助他为止。

　　我觉得，因为他为某事哼哼唧唧的时候我帮助了他，所以现在他想要任何东西时都会开始哼哼唧唧，比如他想要喝水、看书、玩玩具、出门，或任何事情。我试着在帮他的时候说："哦，你需要帮助，你要说'妈妈请帮忙'。"我希望他说"妈妈"或"请"，而不是哼哼唧唧，我是否对他期望过高呢？

阿西利

阿西利：

　　你所说的哼哼唧唧，对于 16 个月大的孩子来说非常常见。处于这个年龄阶段的孩子，会通过哼哼唧唧来与外界交流。

在下列情况下，婴幼儿更容易哼哼唧唧：

1. 他们缺乏足够的语言能力来进行可靠的交流。他们偶尔使用某个单词，并不表示能准确地运用它，当他们情绪激动的时候更是如此。在能够充分地进行语言交流之前，要想解决这个问题，可以教他们使用手势。研究表明，会打手势的孩子较少哼哼唧唧，也较少发脾气，因为他们能够更好地表达他们的需求，而且肢体语言赋予了他们表达感受的疏泄渠道。他们通常会在未来具有较高的智商，因为打手势能够拓展他们的语言能力。

2. 他们感到无能为力。在孩子们觉得无法满足自己的需求，或不能依靠成人满足他们的需求时，他们更容易哼哼唧唧。

你描述的某些问题（要你帮他拿水、书和他心爱的玩具，带他出门）似乎都需要你的帮助。当然，你可以确保他能够站在洗手间凳子上自己接水喝，而且我强烈建议你恰当地安排他的生活，以便让他尽可能独立。他为何不能在想要喝水的时候，站在凳子上，用塑料杯子从卫生间的水池里接水喝呢？

但如果他的确需要你帮助，那么，他之所以感受到你所说的沮丧，在部分程度上是因为他依赖你，他无法满足自己的需求。如果等他向你求助时你才帮助他，这就会强化他的依赖感和无力感。相反，当他表达出需求的时候，如果你能及时反应，这就会减少他的沮丧感，从而缓解他哼哼唧唧的倾向。

如果他自己能够完成某件事情，比如，到房间那头拿他心爱的玩具，但他却哼哼唧唧呢？他是在告诉你，他缺乏动力，需要你给予爱的滋养。这样并没有错。你当然能够给自己做饭，但如果偶尔有人做饭给你吃，不是很好吗？

此外，他本来就感到沮丧，此时若再希望他用语言（对他来说就无异是在学习外语）表达出来，这的确对他要求太高了。他年纪很小，而且本身很难控制自己，因此他才会哼哼唧唧。在这种情况下，让他说"请"真的是要求太苛刻了。他有很多时间去学习礼貌。为什么要揠苗助长呢？

家长们就是这样惹得孩子大哭大闹的（这是精神压力太大的迹象）。当孩子精神压力太大时，他们就处于紧急状态，无法学习你想要教会他们的内容。

3. 他们感到沮丧。人类会通过哼哼唧唧来表达挫折感并寻求帮助。所以，如果你儿子正在做某事，并为之感到沮丧，他可能也会哼哼唧唧。

我知道，专家们通常说，挫折感对于小孩子来说是有益的，但我的职业看法是，我们误解了挫折感。如果你的孩子在努力地做某事，他就会反复尝试，而你也肯定不想直接帮他完成。那样会剥夺他学习的机会，让他觉得自己太笨，自己无法掌握那项任务技能。

但就像我们一样，孩子也会因为太多的挫折感而感到压力重重。挫折感对你有利吗？当然，如果挫折能够激励你采取行动去解决问题的话（"我真的必须清空这个橱柜，我找不到某件东西了！"）。但如果想想你儿子的生活，他在不断地感受到挫折感：别人告诉他要做什么、他无法让积木搭起来、他不能再吃一块饼干、玩玩具时被你拽着出门办事、必须等你帮助他完成某事。16个月大的孩子前额皮质尚未发育完全，他们还无法克服沮丧情绪，很容易被打垮。

所以，当你儿子开始哼哼唧唧的时候，最好的反应方式就是接纳他的情绪，让他知道，如果他需要你的话，你会在他身边支持他。你可以说："你很努力，但积木还是不断地倒掉，这真让人沮丧。"他所知道的词汇比你想象得更多，你的语气会让他感到放心。那时，他或许就能充分地驾驭自己的不安情绪，不断努力，自己完成任务。你充满爱意的关心有助于他管理自身越来越多的焦虑情绪，因为他看到你并不担心，而且，如果他需要你的话，你就在他身边。

但要记住，他的内在状况每天每时都各不相同。如果他恳求你帮助他，你完全可以直接插手，跟他说："我知道你昨天是自己完成的。但现在你想要我帮你完成。当然，如果你需要的话，我随时都会帮助你。我们这样让积木保持平衡怎么样？你可以自己放下一块积木吗？"

4. 他们觉得无聊。孩子们感到心情不佳并不知道怎么办的时候，就会哼哼唧唧。小孩子到底为何会感到无聊呢？对他们来说，世界是个奇妙的地方，等待着他们去探索。但是研究表明，喜欢看电视的孩子们通常很难投入自主活动，所以如果他喜欢看电视，那就不要再让他看电视了，这可能会在一周之内消除他哼哼唧唧的习惯，因为他会发现自己可以独立从事其他活动。

对于感到无聊的 16 个月大的孩子，记住要让他轮流玩不同的玩具。活泼的孩子喜欢小的室内攀爬馆。任何需要用到水、冰和沙的事情都会让他们着迷。如果你没有带沙坑的院子，你可以利用大盆或废弃的婴儿澡盆，自己来做沙盘。把玩耍场所限定在婴儿小泳池之内，以免沙子或水洒出来。或者直接将旧毛巾铺在地上，旁边放桶水，以及各种尺寸不同的塑料容器，甚至还可以提供若干冰块；或者让他用小拖把拖地（他甚至可能将厨房地面拖干净呢！）；将整个咖啡桌面贴满白纸，让他画画。手指画非常棒，但需要你的监督，你最好将他放在餐椅上，让他用布丁画手指画。对这个年龄阶段的孩子来说，几个大箱子就是最好的玩具。

5. 你对他们的要求超过了他们的能力范围。当他饥饿或疲倦的时候，千万不要急着做其他事情。即便他不发脾气，他也肯定会开始哼哼唧唧，你为何要助长他的这种习惯呢？

6. 他们累了。如果他小睡后得到了很好的休息，他或许就不会哼哼唧唧。孩子们睡眠不足时的确会情绪不佳，所以要让他早点上床（即便早得不像话，例如下午 6:30）。几夜之后，你就会看到变化。

7. 他们需要关注。16 个月大的孩子现在可以自己玩耍了，但他们仍然需要与我们进行非常多的交流。即便我们看到他们四处走动，举止像个成人，他们往往仍然会很黏人，因为他们觉得我们在强迫他们与我们分开。如果家长和孩子当真分开的话，情况通常会更糟，例如妈妈独自去度假，他开始上日托，或者新的孩子出生。最重要的是，我们越是主动地与孩子联结，他们就越不会在我们必须分心做其他事情的时候哼哼唧唧。

所以要做好预防措施。确保自己向孩子主动给予足够的关爱，尤其在他容易哼哼唧唧的时候，比如饭前。在他提出各种要求之前，要主动关心他，以免他哼哼唧唧。经常主动地关注孩子，这样他就会感觉到你的支持及联结。当然，尤其重要的是，在他刚刚流露出需要情感安慰的端倪之时，你就要及时给予关注。

8. 他们需要哭泣。对幼儿来说，生命充满了挫折。这会导致皮质醇、肾上腺素等应激激素增加。自然赋予了人类消除这些应激激素的自动防故障系统，那就是哭泣。大多数幼儿经常需要哭泣。请注意，我并不是让你把孩子惹哭，或撂下你的孩子听凭他自个儿哭泣。如果你曾经在哭泣时被他人温柔拥抱过，你就会知道，能够在值得信赖的人怀中尽情哭泣，是个多么美好的礼物啊。每个孩子都需要父母赐予的这个礼物。如果你儿子经常哼哼唧唧，而你确实已竭尽所能在满足他的需求，那么，你可以试试将他抱在臂弯里，全心关爱他。你可以说："你似乎不太开心。你想要伤心地哭泣吗？没关系，我就在这里，全心爱你。如果你想哭，那就哭吧。"

如果孩子过于生气，拒绝你的拥抱，那你要体谅他的感受，并在不惹他更生气的前提下尽量靠近他。当我们让他们感到安全时，大多数孩子会不再生气，转而倒在父母的臂弯里抽泣。当他们释放了所有被压抑的不安之后，他们在以后的时间里就会更加快乐。

9. 他们养成了哼哼唧唧的习惯。要记住，是你没有及时防范才导致他养成了这种习惯，而不是因为他表达需求的时候你满足了。如果你满足他的需求，或者至少认可他的感受，他就不需要哼哼唧唧了。所以，预先表示体谅他的感受，这有助于他戒掉哼哼唧唧的习惯。他高兴的时候，会快乐地咿咿呀呀，对吧？那么，当他生气、困倦或沮丧的时候，抱怨会让他感到好受些。他在和你交流他的感受。所以，如果你能在他哼哼唧唧的时候主动干预，打破他的这种习惯，那就再好不过了。首先，要认可他的感受，让他用言语表达出来。"哦，听起来你现在很沮丧／暴躁／疲倦／心烦／伤心。"或者"你真的希望拿到那把剪刀。妈妈用的时候看起来很酷。"然后告诉他，除了哼哼唧唧之外，他可以通过其他方式来调整自己的心情："你怎样做才会感到好受点？要妈妈抱抱吗？要妈妈帮你吗？要喝水吗？"或者"你想要剪刀，但小孩子拿着不安全。你要你自己的安全剪刀吗？"

我知道，你非常想要做个好妈妈。我鼓励你听从自己的直觉（对我来说，直觉非常有用），并忽略那些教导你不要理睬儿子的讯息。陷在负面情绪里，孩子学会自我调整的时机会被延误。他们需要我们帮助他们来学习如何管理自身的情绪，我们越及时地响应他们的需求，他们就越不会陷入情绪大爆发之中。

要学会延迟自我满足并礼貌待人，孩子们就要学会管理自己的情绪，而要学会管理情绪，他们的父母就需要慈爱地回应他们的需求并乐于帮助他们。通过这种方式，他们就会明白，他们很重要，能够对世界产生影响，他们就能学会不惊慌和不发脾气，并知道挫折是可以承受的。

劳拉博士

6

孩子为什么这么怕虫子？

亲爱的劳拉博士：

　　我的孩子害怕虫子。我从没在她面前表现出我不喜欢虫子。我们住的地方并没有很多虫子，但我们拜访我父母的时候，他们家有很多虫子。她不愿意靠近这些虫子。她也害怕树上掉下来的那些蠕虫。我很担心她为什么这么怕虫子。我以前偶尔看到某些东西时大喊大叫，我不希望是由此造成的。所以，我才来征询你的意见。

　　谢谢。

妈妈 J

亲爱的 J：

　　人类害怕虫子是固有的生物和遗传学特性。我的意思是，如果人们怕虫、怕蛇、怕高、怕火、怕奇怪的大噪声、怕食肉动物（如狗），他们长大成人以后就更有可能将他们的基因传递下去。不怕虫的人可能不那么焦虑，但他们中有些人会被狼蛛、蝎子或其他动物咬死，而无法将他们的基因传递下去。这也解释了婴儿为什么不喜欢某些食物。幼儿不喜欢吃他们不熟悉的食物。越喜欢冒险的幼儿越可能被毒莓毒死，从而无法将他们的基因传递下去。这样说能够理解吗？

事实上，众所周知，幼儿会出乎意料地突然产生某些奇怪的恐惧。他们害怕浴盆（害怕会被冲进下水道）、吸尘器（害怕会被吸进去）、电梯（轻微的幽闭恐惧症），所以你女儿的情况并不是你造成的。

总的来说，如果孩子非常害怕某个事物，她可能是在告诉你，她需要通过哭泣来释放那些恐惧。当你留意到她有点执拗和心情不好，你就要温柔慈爱地告诉她，你的臂弯是她安全的港湾，她可以在你怀中感受并释放那些强烈的情绪。"宝贝儿，你好像心情不好。你只是需要哭出来？还是很生气？我就在这里。你可以尽情地哭出来，将你的伤心和生气发泄出来。所有人有时都需要哭出来……"要与她保持眼神接触，这会让她感到非常安全，从而能够接触到更深层的情绪。孩子在释放恐惧的时候，通常会流汗、颤抖、乱踢乱弹，所以你不妨离远点，以免被她伤害到，但你要尽量与她保持交流（包括声音交流），以便营造平和的接纳氛围。你不必解决任何事情，你只需要做她的陪伴者和安全港湾。你会发现，在痛痛快快地哭过之后，你的孩子会变得快乐得多，尽管她仍然不喜欢虫子，但不再那么害怕虫子。

当然，你也知道，在孩子面前大喊大叫并不是好事，它会让孩子更胆怯，而且也会损害亲子关系。所以，有必要学会如何在孩子面前保持平静。

为了帮助你女儿战胜对虫子的恐惧，当她看到虫子并感到害怕的时候，你要保持冷静，因为你的行为举止会传递出这样的信息：尽管你理解她的恐惧，而且害怕虫子并非坏事，但其实并"没有什么好怕的"。

"这是个虫子。你是不是有点害怕？没关系，它不会伤害我们的。来，让我牵着你的手，我们仔细看看它。看见它的腿了吗？它走了。拜拜，小虫子！"

如果她被吓着了，无论如何都要把她抱起来；如果她想离虫子远点，

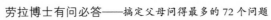

或让你将虫子赶走，那也没关系，但你要保持平和的态度，并告诉她，你知道她有点害怕，但你始终会保护她，虫子不危险。我们就是通过这种方式来学会如何消除本能的恐惧感的。

劳拉博士

7

2 岁孩子有社交焦虑，怎么办?

劳拉博士:

　　我的孩子 28 个月大，我整天在家带她。她是我唯一的孩子，没有固定的同龄玩伴，但我会带她参加音乐班（每周 1 次）以及其他的亲子活动。这种状况持续了大约一年: 每当有其他孩子进入房间时，她就会变得紧张起来。她会停止玩耍，要我抱着她，有时甚至会惊慌地冲过来抱着我的腿，要我"救"她。

　　我自己也有社交焦虑症。尽管我完全理解她的感受，并且知道她可能是遗传了我的性格，但这也无济于事。我非常想要帮助她，但我不想采取错误的方法，导致情况恶化。我该怎么办呢?

　　谢谢你!

焦虑的妈妈

　　你说得对，社交焦虑症很可能会遗传下来。如果你女儿的焦虑不及时改善，会妨碍她在这个年龄阶段的健康成长。

　　大多数焦虑症专家会告诉你，你需要让她更多地接触其他的孩子，以便她能够在他们周围感到放松。但这并不是说，你非得要将她送入日托不可。而是说，应该让她每天接触其他孩子。或许你得做出周详的安排，而不是随意带她去游乐场，这样你就能有意制造某些互动场合，让她和同样的孩子玩耍，这样有助于增强她的安全感。

所以我建议：

1. 当务之急是让她每天与其他孩子见面。我会优先考虑去会见同龄孩子们的妈妈，经常和她们打交道。当她每周都看到同样的孩子时，早晚她会开始和他们交流。逐渐地，你可以在家里安排一对一的玩伴聚会，比起成群孩子玩耍的场合，这更能够缓解她的焦虑。在和比她更大或更小的孩子相处时，她可能会感到更加放松，所以你可以试试看。尊重她的意愿就行。我还认为，她的年龄已经足以对友谊感兴趣了。所以，我建议你首先给她阅读有关幼儿和学前儿童友谊的书籍，以便"动员动员"她。

2. 玩耍有助于你女儿触及她的恐惧并表达出来。由于欢笑和哭泣都能够释放焦虑，你可以和她共同玩游戏，逗她发笑。不要挠痒痒，因为那样做实际上可能会增加恐惧，增加应激激素。可以尝试挠痒痒之外的任何游戏，让她笑出来，并保持亲切友好的态度。

可以和她玩驯马游戏，让她骑在你背上在家里四处爬行，试着将她抛起来，也可以和她玩举高游戏，或者和她玩开飞机的游戏，带着她在房间里到处快跑。

3. "分别游戏"对她也很重要。有个游戏是"不要离开我"。当你给她读书的时候，如果她想从你的膝头上下去，就将她拉回去，告诉她你非常喜欢抱着她，请她不要离开你，你想要一直抱着她。要轻声细语，并表现出轻松快乐而不是可怜兮兮的口吻，这样她就可以随便挣开，要不停地将她拉回来，求她留下来。重点在于，要让她相信，如果她需要你，你会始终在那里支持她。同样，你需要逗她发笑。

还有个游戏就是简单的躲猫猫。这种游戏会导致轻微的分离焦虑症，但又足以逗她发笑。告诉她："我们来玩拜拜游戏。如果你要见我，就喊花生黄油（或任何她觉得有趣的话）。"然后，躲在沙发或门背后，等上片刻以后，你就叫着"花生黄油"跑出来，并拥抱她。告诉她："我好想你！我们再玩一次吧。"然后再次躲起来。再次在她叫你之前跳出来，这会逗她发笑，如果你装成很傻很着急的样子，效果就会更好。只要能逗她笑，就可以反复玩这个游戏，让她叫你或你自己叫，这样能让她将分离焦虑疏泄出来。

有时候，当孩子压抑了太多恐惧，他们会变得非常严肃，我们很难逗笑他们，这时候不要放弃。留意哪些事情能够让他们发笑，无论这件事有多傻，都应该经常做。他们笑得越多，就越有助于他们释放所有的恐惧。

4. 最后，我觉得你应该帮助她直接面对恐惧。挑选某些社交场景，比如图书馆的故事时间，挑选她喜欢做而又不需要你全身心投入的事情，因为这些事情可能需要等些时间以后才能产生效果。在家中练习，并且提前告诉她，她得坐在你旁边，而不能坐在你的膝头上。如果她抗拒，你就安慰她说，你会待在她旁边。如果她因此哭泣或生气，没关系，让她向你显露她对这件事的恐惧，宣泄掉部分焦虑，这有助于消除她对这种场合的恐惧。然后，告诉她，如果她担心，她可以告诉你，你会走到图书馆外面拥抱她，然后重新回到图书馆。我猜想她可以理解这些话，但你还应该利用填充玩具来演示给她看。你不需在意是否能赶得上故事时间，你的目标是让她有机会触及那种恐惧并战胜它。所以，只要不停地提醒她：你们去了那里以后会很好玩，她要坐在你旁边，而不是你身上，这样她就事先有机会黏着你并哭出来。这种哭泣和黏人行为早晚会消失的。

当她最终能够轻松地待在那个场合以后，即使那天不是故事时间，你或许也可以带她上车，前往图书馆。她可能再次在车里大哭不止，这时要停车拥抱她，就像你在家里那样。这样做是为了帮助她能够放心地将自己的感受表达出来，以免这些感受变成焦虑感积压在她心里。这有点类似于治疗师帮助怕飞机的人登上飞机。他们需要花很长时间才愿意靠近飞机。最终，你们将能够走进图书馆，参加故事时间。

当她能够在图书馆克服自己的恐惧后，她会感到非常自豪，会逐渐在其他场合做同样的事情（要慢慢来，从她最喜欢的事情开始，这样她才有动力）。

这需要大量的努力，我想，在未来一年左右的时间里，你必须将它当成你生活中的重心。但如果你能通过这种方法帮助女儿消除恐惧，这将有助于她逐渐学会轻松地参加各种社交场合。你付出这些时间是值得的，最终你的女儿会变得自信。祝你好运！

劳拉博士

8

如何教会孩子觉察情绪、体谅别人？

亲爱的劳拉博士：

我儿子 3 岁半，叫阿登。我始终在努力帮助他觉察自己的情绪，并教他用语言正确地表达他自身的情绪。例如，可以生气，但不可以打妹妹。

他似乎突然之间掌握了这些概念，我为他感到很骄傲。今天晚上，他上床之后我去看他，他还醒着。他说："妈妈，我很生气。"我问他原因，他说，因为我责备他抢了妹妹的玩具，但他实际上只是想把球收拾好。

他会说他很生气／伤心／担心／高兴，但他未必知道怎样面对这些情绪。遗憾的是，我觉得自己并没有树立很好的榜样，因为我有时候并不能很好地应对我的愤怒情绪。所以，当他愤怒的时候，我应该给他怎样的建议呢？

我始终努力教他学会体谅别人，以致我发现，他觉得自己要对别人的情绪负责。昨天早上，我发现他在挤他的妹妹，便立即把他拉开，并大声对他说："你把她弄疼了。"两个孩子和我本人都吓坏了。他们开始哭，我也感到疲惫不堪，于是我坐在地上，做了个深呼吸，想要平静下来。结果，我的深呼吸比我以前的吼叫更让他害怕，他说："妈妈，不要生气！"并想要拥抱我。我很感激他有这个想法，但我不想让他觉得他有义务来让我高兴……这对于一个小男孩来说是个太沉重的负担！你是怎样教孩子体谅别人，同时又不让他觉得自己要对他人的情绪负责呢？谢谢你的建议。

阿登的妈妈

阿登的妈妈：

在帮助儿子培养情商方面，你做得太棒了！读到你的来信，我很开心。

1. 你要怎样帮助阿登面对他的情绪呢？

基本上说，只要留意他的情绪并让他将它们表达出来就够了。只要他能够向你说出他的悲伤、担心或失望，而且你能够接纳并尊重他的情绪，他就能够放下这些情绪。但愤怒是个例外，因为研究表明，表达愤怒有时候并不管用。有时候，当我们的身体感到愤怒并倾向于"战斗—逃避"模式的时候，我们需要通过身体活动来发泄怒气。

与流行的观点相反，如果将愤怒通过语言表达出来，这通常会强化愤怒，让我们更加生气！这是因为，愤怒事实上是在掩盖或抗拒某些东西。我们生气是为了抗拒更危险的情绪。这是怎么回事呢？每个人都知道，最好的防御就是主动进攻。如果我们遭到不公正的指责，我们会觉得自己当然有理由生气。例如，阿登要将球收拾好，但你指责他抢了妹妹的球。他觉得很受伤。对他来说，你对他的尊重意味着一切。

在这件事情上，你小看了他。不止如此，由于他肯定抢过妹妹的玩具，他觉得很内疚——并担心你觉得他天生就喜欢抢妹妹的玩具，所有这些担心折磨着他，他尤其害怕会失去你的爱。他无法忍受这些情绪。所以，为了抗拒这些情绪，他就会主动攻击，他会对你生气。在他原本不应该生气的时候，这种情况也会发生。例如，你在照顾他的妹妹。这同样会让他担心失去你的爱。他无法忍受那种情绪，就会大发脾气。等有机会的时候他会偷偷推他的妹妹。

很多长期喜欢攻击他人的孩子，其实都需要痛痛快快地哭个够，将日常生活中所有的失望和痛苦都发泄出来。因此，如果我们在他们发脾气的时候待在他们附近，他们通常就会扑在我们怀里哭泣，然后就会变得快乐得多。所以，其实，消除愤怒的最好方式是首先承认它："你今天真的对她很生气。"然后，探索愤怒背后的原因："你伤心，是不是因为我早上花了太多时间照顾妹妹？"或者"是不是爸爸在你没起床的时候就出差了，让你很失望？"他很可能还没有与你建立深厚的联结，所以不要指望他马上回答你。但如果你经常这样做，他就会经常探索自己生气的原因。

接下来就是让他学会从正面描述让他不高兴的事物，以便他能够改变当前处境，不再生气（学会了这种技巧以后，我们所有人都能从中受益）。这是个非常了不起的礼物，你将养育出一个善于消除愤怒情绪的孩子！

我要补充的是，当孩子（或成人）陷入愤怒之中的时候，你通常无法有效地吸引他们的注意力，所以，最好等他们稍稍平静下来并能够思考的时候，再说出他们愤怒背后可能的原因。在他们大发脾气的时候，他们需要我们接纳他们的情绪："你非常生气！"然后他们需要将怒气发泄出来。如果你和阿登能找个安静的时间，共同列出发泄愤怒的有效方式，并配上插图，那就太好了。

- 捶枕头
- 打鼓
- 大声播放音乐，跳舞
- 围着房子跑三圈

● 画一幅很生气的画

● 到洗手间，打开水龙头，大喊大叫

● 深呼吸 10 次

● 开合跳 10 次

如果你将插图贴在冰箱上（你要示范如何使用它），你会惊讶地发现，你儿子有时候在生气时会采用这些方法。而当我们被愤怒感支配的时候，我们会认定，对方是错的，我们完全是对的。在这种时候，很难说服生气的人去捶枕头。所以，控制愤怒的最有效方法其实是，在孩子生气之前就帮助他们接纳自己的各种情绪，这样他们就不必经常生气了。

2. 阿登觉得自己需要对别人的情绪负责吗？

我认为，阿登并不是因为体谅你才觉得需要对你的感受负责。我认为，他是害怕你因为他伤害妹妹而对他生气。这是很自然的反应。当孩子非常依恋我们的时候，他们就会表现得很听话，以此来取悦我们，而且他们会避免不良行为，因为他们不想惹我们生气。最终，这些习惯会让他们健康地成长——动嘴不动手，按时刷牙，体贴负责，主动完成分外的家务活儿。但所有这些习惯都源于孩子想要取悦我们的愿望。

阿登不想让你生气，因为这对他来说就像死亡那样可怕。而这其实是件好事，这表明你是很优秀的家长，能够循循善诱，让孩子们行为得体。所以，不要说："你不用对我的情绪负责"；你可以笑着对他说："很抱歉吓着你了。别担心，我不生气了。我刚才只是担心你弄伤了她，我被吓着了。害怕的时候，深呼吸能够让你平静下来。你想和我共同做深呼吸吗？"

孩子们基本上都是从父母对他们的体谅中学会体谅别人的。但你在体谅他的同时，可以帮助他留意他人的感受，这能够提高他的情商。我认为，他的自然反应会是想要帮助他人，这是健康的。"山姆很伤心。要不我们看看能不能让他高兴起来？"但如果你担心他会觉得自己对山姆的感受负有责任，你也可以教他明确区分各人的感受："旋转木马坏了，山姆很失望。但你似乎不介意。你在沙箱里玩得很高兴，是不是？"

劳拉博士

第四部分　父母的挑战

1

执拗的孩子挑战父母的界限，如何应对？

劳拉博士：

我儿子 4 岁半，非常固执。他天生就不温顺，会再三试探我的底线。我需要为他设置坚定而清晰的界限。我的问题是，当他任性地挑战既定界限时，我应该怎么办呢？

下面是我们家日常互动的例子：

他在餐桌上表现不好，比如他会扔掉食物，并以此为乐。我说："食物不是用来扔的，是用来吃的。如果你再扔，就别再吃饭了。"他会继续扔。我告诉他，他不能再吃了，并将他的餐碟端走。他会非常生气，开始哭泣，并且会打我。我让他坐在楼梯上（他的静心间）并告诉他，他要在 4 分钟之内冷静下来。他当然不会待在楼梯上。他会笑着站起来跑掉。我抓住他，将他重新放在楼梯上。这个过程会持续几分钟到二三十分钟不等。在此期间，他有时还会打人和发脾气。这让我感到筋疲力尽。

我买了很多书，这些书提倡的方法不尽相同，这让我感到非常困惑。我的孩子需要界限，越界的时候就需要承担后果，不是吗？

4 岁半男孩的妈妈

你的孩子无论如何不愿意合作，真的让人非常沮丧。当你读过育儿书籍以后，你发现专家们给出的建议相互矛盾，这更是让人沮丧。

大多数育儿书籍都是基于惩罚模式：告诉孩子正确的做法是怎样的，如果他们做到就奖励他们，做不到就惩罚他们，以此来教导他们以后"做正确的事情"。所以当孩子违反原则的时候，你就惩罚他们。

举例来说，当你的孩子不听你的口头警告，继续乱扔食物的时候，你就把食物拿走。然后，当他因此生气并打你的时候，你就关他禁闭。然后，如果这引起了冲突（通常都会如此，因为孩子的情绪会变得激动起来，不肯被你关禁闭），你就会加重处罚，比如延长禁闭时间，或"让他承担后果"，这意味着废除他的某些特权。如果这样做无效的话，你就会让他承担更大的后果，直到他失去所有的玩具为止。如果这样还不行，最后，你没有其他方法来管教孩子，那就只好体罚他。当然，这可能会吓住5 岁的孩子，但到他们 8 岁的时候，体罚就不再管用了，因为此时孩子会进行反抗。

我们看到很多家庭就是在这个时候带孩子来接受治疗的，因为此时体罚不再管用，孩子变得难以忍受。这些孩子认为他们自己是坏人。他们知道，他们无法控制自己，因为他们从未得到必要的帮助来控制自身的情绪。他们可能脸上在笑，但心里感到非常受伤和孤独。他们与父母的关系已经受到损害。难以驾驭的情绪继续让他们做出种种出格行为。除非通过治疗来恢复亲子关系（这通常很难做到），否则孩子的行为就会变本加厉。等到他们 12 岁的时候，他们会通过各种错误的途径寻求爱，很容易用毒品和酒精来抚慰自己的愤怒、焦虑和沮丧。他们会成为危险的孩子。

对大约 60%~70% 的孩子，你可以用以上的方法来养育他们，他们会正常地成长（我从未看到过这方面的研究。这完全是我基于我本人与父母及孩子打交道的经验估算出来的，这意味着大约 30%~40% 的孩子会给父母带来更大的挑战）。当然，即便有些"容易管教"的孩子，在用传统方法养大后，他们也可能会与同事不和，拖拖拉拉以致无法实现目标，或很难拥有和睦的婚姻。我们没有相关的统计数据，但我们确实知道离婚率有多高，而且我们知道很多成年人非常容易焦虑或沮丧，需要求医问药。

我认为，我们社会中之所以有很多成年人感到"不太快乐"，是因为从来没有人帮助他们消除那些使他们做出不好行为的情绪。所以他们会将这些情绪压抑起来。他们通过大吃大喝、购物、看电影电视或沉迷于其他事物，来减少羞愧、自责和孤独感。但在孩童时代，他们会听从父母的话，努力扮演"好女孩"和"好男孩"。父母和社会的认可以及自身规矩的表现，在某种程度上给予了他们自信心。换句话说，采用这种方式养大的很多孩子整个人生都表现得较为正常，即便他们内心暗暗有自卑感或缺憾感。

你的孩子很固执，而且很可能在情感上很敏感。所以，所有那些"传统"建议都不适用于这样的孩子。这类孩子具有强烈的情绪，这表明任何事情都会引起他们强烈的情绪。不幸的是，他们不知道如何应对这些情绪，所以他们会通过行动"表现"出来。比如，他们可能会盯着你，乱扔食物，并以此为乐。

他们为何要这样做呢？通常是因为他们心头涌动着强烈的恐惧、痛苦或失望。他们为何会有这些情绪呢？因为所有的小孩子都有。孩子到4岁的时候就会知道，你可能会死。或至少可能会离开他们，然后不再回来。大多数时候，他们担心自己是否能及时上厕所。他们缺乏自信，因为在大多数事情上，周围大多数人（比如成年人）都比他们做得好。他们感到无能为力，因为他们觉得在受人摆布。所以他们心里充满了各种糟糕的情绪（恐惧、悲伤、失望、羞愧和自责）。对于年幼的孩子来说，生活常常充满了生死攸关的大事，尽管我们觉得这很荒唐。

他们需要别人帮助他们来"感受"这些情绪。因为当人类感受到自身的强烈情绪时，这些情绪就会消失。在此之前，它们会始终缠绕和束缚着我们，在心头涌动并试图浮现出来。当这些情绪涌现出来的时候，孩子们会感受到威胁。他们会将这些情绪与身边人联系起来，比如他们的父母或兄弟姐妹。他们会像所有哺乳动物那样，在面临威胁时做出如下反应：抗争、逃离或原地不动。在第三种模式下，他们会试着让自己变得麻木，比如，他们可能会眼神空洞，似乎没有任何感情。在逃离模式下，他们会在电视屏幕中寻求安慰。但更常见的情况是，他们会起来抗争。最好的防御就是主动进攻。所以你儿子会直视你的眼睛并乱扔食物。他宁愿抗争也不愿意感受那些情绪。

你可以帮助他让这些情绪浮现出来，并消除这些痛苦和恐惧。真的！当孩子们将那些难受情绪表露出来之后，他们就更容易与我们建立联结。这样才能让他们更乐意合作。

那么，如何帮助你儿子消除情绪呢？

你要为他营造足够安全的氛围，让他愿意去感受他的情绪。这就是说，不要独自撇下他，否则他会觉得，他只能独自面对那些强烈而可怕的情绪。相反，你不仅要明确告诉他不能打人，还要"帮助"他哭出来。所以，你在设置界限的时候要体谅他的感受："你对我非常生气，你可以尽情地生气，尽情地哭泣，但我不许你打人。"你要待在他附近，不要让他伤害到你。如果他试图打你，并在你走开时追着你打，那么必要时可以抓住他的胳膊。

平时也要强化你们之间的关系。为了做到这一点，不妨每天都陪他玩玩游戏，逗他发笑，并体谅他的感受。你可以将这视为预防性关系维护。这可能需要写上一整本书，才能介绍相关的工具和策略，如何保持冷静，如何进行日常预防性关系维护，以及如何帮助他处理情绪。

事实上，我已经写了这样的书，书名叫《父母平和 孩子快乐：如何停止吼叫，与孩子建立理想关系》。我认为它能回答各种问题，帮助你学会如何停止对抗并帮助你儿子乐意合作。我知道，对你来说，这目前显得有点遥不可及，但这是因为你将注意力放在设置界限上，而不是放在体谅孩子上。是的，孩子当然需要设置界限，他不能打你或扔食物，但如果你设置界限时缺乏体谅他的心，而且没有帮助他消除那些行为背后的情绪，你就漏掉了很重要的因素。如果没有你的帮助，他就学不会控制自身的情绪，如果他无法控制自身的情绪，他就不会控制自身的行为。

叛逆不是个管教问题，而是个关系问题——他在告诉你，他感到非常孤单。你儿子之所以有这种举动，是因为他需要你帮助他消除各种情绪，而他不相信你会帮助他。如果你体谅他的感受并与他保持联结，你就可以改变这种状况。

最后，你问我"越界的时候就需要承担后果，不是吗？"

如果你所说的承担后果是指惩罚的话，我认为那就不必了。我们的目标是要慈爱地引导我们的孩子。没有任何理由去有意地伤害（这就是惩罚的定义——为了让某人在以后听从我们的吩咐，而有意地给他们制造痛苦）他们。我们的确能够影响我们的孩子，但这种影响应该源于爱和情感。当孩子们感受到与父母的深度联结时，他们会为了维持这种情感而做任何事情，而且他们永远不会与我们作对，以免损害这种情感。有了这种联结，如果我们的孩子越界，我们会追上他们，慈爱地将他们带回界限之内，而不会利用惩罚措施将他们隔离开来。

因为在爱之中没有界限可言，只有爱而已。

劳拉博士

2

如何管教 14 个月大、不听指挥的孩子？

亲爱的劳拉博士：

我非常需要你的帮助。我的孩子 14 个月大，我不知道如何对他进行管教（设限）。我读了很多你的文章，但似乎都适用于年龄较大的会说话的幼儿。当我告诉他"不要碰那个（比如笔记本电脑）""别动，很危险（比如伸手去碰炉子的旋钮）"，或者"别动，本来就应该在那儿（比如将他伸手可及的所有东西扯下来，架子上的尿布，挂着的厨巾，或打开抽屉，将其中所有东西都掏出来）"等等的时候，他根本就不听，继续那样做。

我应该如何让他明白我的意思呢？如何对他这个年龄的孩子采取积极的管教措施呢？

一位困惑的母亲

14 个月是个巨大的转折点。父母通常会感到非常沮丧，直到他们意识到，在这个新的阶段，他们必须完全改变养育孩子的方式，以便满足小家伙探索和自立的需求。你的儿子不再是个婴儿，而是个幼儿了。这意味着，他有强烈地坚持自己需求的愿望。他最大的问题是，他无法告诉你很多你需要知道的信息，比如：

他需要大量的探索，这意味着他需要触碰各种东西，意味着他需要将碗橱里的所有东西都拖出来。这样做能够开发他的智商。我知道，你希望他跳出框框，学会创造性思维。所以，你得任由他将东西搅得七零八落，让他尽情地探索。这只会延续几个月，然后他就会转向其他的事情。

你能做什么呢？

1. 保护孩子，尽量少说"不"

试着看看能否整天都不说"不"。真的，如果你看护好他，有你在场保护他，就几乎没有什么东西是他不能探索的（你可以委婉地说："这不是给孩子的……我们看这个吧。"）。让他专注于能拓展他心智的事物，这样他就不会关注你不想让他接触的东西。比如：

● 为炉子旋钮买旋钮透明罩（他真的能够碰到它们吗？）。

● 当你不使用笔记本电脑的时候，将它搁在高处。不要在他身边使用笔记本电脑（此时你和儿子的联结会被切断，这让他感到不安全，他会因此胡闹或抱怨，以便赢得你的关注）。

● 如果你将清洁用品放在水槽下方的橱柜里，就在那里放上小型包缝机，并将易碎物品搁在高处。将盘子、塑料制品以及洗碗布放在较低的橱柜里。这样可以任由他每天将它们扯出来，你只需要每天清理几次就够了。

● 在你的卧室和洗手间，放上抽屉或篮子，将有趣的东西一股脑儿地扔进去，专供他探索之用。

● 任由他将成叠的尿布扯下。和他玩游戏，将尿布重新堆起来，然后又将它们推倒。如果你每天重复这样做，他可能以后就不太理会它们了。

● 确保家里至少有个房间是完全安全的，让他能够尽情探索，而不必由你"盯着"他。

记住，他不再是个婴儿，他能够高兴地看着你做家务，他需要参与其中。因此，任由他用湿海绵"清洗"地板；给他准备好喷雾瓶和抹布，让他清洁碗橱；给他准备个安全的凳子，让他能够和你站在餐柜或水池旁，用塑料小刀切香蕉，在水池里"清洗"塑料制品，玩满碗的干豆子，将米在两个容器之间倒来倒去，或做其他事情。

2. 给他大量的探索机会

幼儿不喜欢整天坐在家里，会开始把所有东西弄得稀乱。你可以带他出去散步，让他找虫子或挖沙；可以去图书馆；找一座带台阶的大厦，让他上下台阶 50 次；如果你家有院子，可以给他做个沙盒和戏水池。当然，有很多在家玩耍的有趣活动，可以玩彩泥，也可以让他在澡盆里用手指画画。

他的工作就是实验和尝试。当然，如果昨天你拒绝了他，或许你今天不用拒绝。你的任务就是耐心地反复帮助他学习重要的界限，确保他生活中大部分时间都在快乐、兴奋地探索，而不是感到沮丧和受限。

3. 如果他理解的话，适当给他权利

你可以把蓝色杯子和红色杯子都给他看，但只有在他在乎的情况下，这才有用。如果他还没准备好做出选择，不要担心，还有其他方法可以帮助他发现自身对世界的影响力，并利用他的自主权。

尽量让他带头，你则做他的助手，比如，在游乐场的时候。让他自由地拓展身体界限，不用叮嘱他要小心（当然你得盯着他，确保没有真正的危险）。

找个安全的地方，和他做追逐游戏，通过游戏赋予他某些权力，这样他就会从中感受到自己的力量，而不用在周围有车的情况下从你身边跑开。幼儿喜欢自己跑开，让我们追他们。在四处追着他跑的同时告诉他，他跑得太快了，你追不上。最后，把他抓住，亲吻并拥抱他。

4. 避免对抗

如果能够避免损害财物或侵犯他人权力，而且不影响他自身的健康和安全，就任由他自己行动吧。如果你不得不与他对抗，那么，此时，就不应过分担心他能否"学到教训"。

5. 以慈爱而坚决的态度管教他

让他相信你站在他这边，这样，他就更愿意接受你设立的界限。如何做到呢？当你必须制止他做某事时，要保持爱和理解的心态。管教意味着引导，所以，要将自己想象成耐心而友善的向导，正在教导某个尚不了解规则和规范、不理解相关危险的人。

你是否担心，如果你态度慈爱，他就不会去学习？当然你得态度坚决，就像墙壁那样。他不会试图穿透墙壁，因为他发现，他每次尝试穿透墙壁，墙壁都稳稳不动。所以，要坚持不懈，态度坚决。但那并不是说你得态度粗暴。如果你态度粗暴，你的反应就会让他分心，他因而学不到你为他设立的界限。

当你设置界限的时候，要主动靠近他，态度慈爱而坚决，并在同时付出实际行动，例如，如果在停车场他不愿意拉着你的手，你可以抱起他。

当你必须设置界限的时候，要体谅他的感受。这样做有助于他接受界限（"你想要爬上去，但那不安全……你感到伤心和生气……你在哭，我听得出来你很伤心。"）。

你每次设置界限的时候，他都会有所反应，你需要预先做好心理准备，怀着慈爱和理解"倾听"他的反应。只有这样，他才能逐渐接受你设立的界限。如果你不这样做，他会始终按照自己的性子和你争斗。

如果他哭泣，没有关系。这是他应对沮丧、悲伤和愤怒的方式。在他释放情绪的时候，抱着他并表示理解。当他感到被理解时，他会更愿意合作。

强化和加深你与他之间的亲子感情，以便他更乐意接受你设置的界限。如何做到呢？和他嬉笑打闹，这会催生后叶催产素。让他开心地大笑。

6. 永远不要惩罚孩子

如果你惩罚，他就会处处反击，以证明你无法控制他。有什么一定要惩罚他呢？如果你告诉他不能触摸某种东西，而他并未听取你的意见，那你就将这个东西移走。惩罚不能教会他不触摸这个东西；只会让他觉得，你有时候无缘无故地凶暴残忍。

希望这些建议对你有帮助。这个年龄非常美好，你儿子的大脑正在高速学习。你的任务就是，采用与婴儿期不同的方式支持他，以便他能够顺利完成他的任务！充分享受与他相处的美好时光吧！

劳拉博士

3

如何阻止孩子咬父母？

亲爱的劳拉博士：

　　我儿子将近 13 个月大，最近他养成了咬人的习惯，我被他咬得一片淤青。我尝试了能够想到的所有办法：我告诉他不许咬人，他会笑，然后接着咬；我大声说不许咬人，他会哭，然后接着咬；我大声而坚定地告诉他不许咬人，然后走开，他会跟在我身后哭。当他平静下来之后，他又会开始这样做。

　　我的问题是，我要怎样管教他，让他知道咬人不对。我觉得，我的胳臂、腿和指头受不住他尖利的牙齿。

　　谢谢你的建议。

罗拉

亲爱的罗拉：

　　唉！我真为你儿子带给你的痛苦感到难过。

　　大多数婴幼儿会试着咬人，有些甚至会经历很长的咬人阶段。他们还无法很好地用语言表达自己的感受，所以只能通过咬人来表达愤怒和沮丧。

有些孩子受不了别人靠得太近，想要保持恰当的距离，所以会咬别人。还有些孩子会在吃奶或拥抱的时候，试探性地咬人。很多孩子长牙或激动的时候会咬人，这只是因为咬人让他们觉得很惬意。

有些婴儿似乎有很强烈的咬人需求，这意味着，这只是他们体验世界的方式。非常奇怪的是，很多处在这个年纪的孩子会通过咬人来表达情感（他们太爱你了，所以他们只想咬咬你，就像"我爱你太深，想要把你吃下去"那样）。

你儿子不知道咬人会伤害到你，所以当你说"不"的时候，他会笑着再咬，因为他以为你是在玩游戏。当你大声说"不"的时候，他会哭起来，因为他发现你在对他生气，但他仍然不知道为什么！即便他弄明白你生气是因为他咬了你，他也很可能觉得自己这样做很勇敢，因而会继续咬你。只有当他明白咬你会让你感到疼痛的时候，他才可能停下来。问题在于，对于他这个年纪的许多孩子来说，由于父母态度不够坚定，或者与孩子僵持不下，孩子咬人的阶段会延长。可以说，我们的目标是将咬人行为扼杀在萌芽状态。

具体做法如下：

1. 当他咬你的时候不要挣开，否则皮肤会淤青或被咬伤得更厉害。相反，要往他嘴里塞。他会张开嘴让你离开，这样你就不太可能被咬伤或皮肤淤青。

2. 明确地教导他，咬人很疼！如果你本来抱着他，要马上将他放下，并大哭。他知道哭意味着什么，即便很小的孩子在他人哭泣的时候也会感到难过，因为他们知道哭代表疼痛和不开心。你要边抽泣边说："哎呀，咬得好疼啊！"

注意，不要对他们生气或大喊大叫，不要惩罚他们，不要关他们禁闭，也不要以牙还牙。甚至不要严厉地说"不许咬人"，因为他们会觉得自己这样做很勇敢。但我们必须要诚实地做出反应：很疼。这通常会使孩子立刻松口，因为当孩子知道对方很疼的时候，他们会感到非常震惊。

3. 在他咬你之后，不要马上与儿子互动，以免他会将这种行为视为游戏、挑战或对抗。这样也能让孩子明白自然的后果：他伤害你，所以你不愿意与他互动。将他放下，完全不理睬他，专注于你被咬的部位。我不建议你走出房间，因为那会让孩子感到被遗弃因而产生强烈的恐惧感，从而完全忘记了不应该咬人这回事。你要大声哭泣，装作很疼的样子。你儿子很可能会害怕地哭起来。继续不理他，让他明白这件事的严重性。最后，如果他哭起来，你就将他抱起来并安慰他："没事，妈妈现在没事了，但咬人很疼的。你咬疼妈妈了。以后再也不要咬人了。让我来抱抱你，好吗？"然后紧紧地拥抱他。

4. 在他咬人之前，承认他的感受并用语言表达出来。如果你觉得他可能要咬你，让他离你远点，并说："你看起来很生气！"或"你很生气。"研究表明，对于不会说话的孩子，如果通过这种方式承认他们的感受，不仅能让他们不咬人，而且能够让他们停止发脾气。

5. 将替代物给他。有时候他们根本没有生气，只是因为太兴奋而咬人。无论他的感受如何，每当你觉得他要咬人的时候，就把牙胶给他，并告诉他："可以咬牙胶，但不能咬人。让妈妈看看你是怎么咬牙胶的。"有些孩子只是想要在嘴里咬个东西而已，那么，让他们咬其他东西比阻止他们要有效得多。我认识一个妈妈，她甚至在女儿想要咬人的时候给她吃牛肉干，从此以后，她女儿就不再咬人了。

6. 大多数孩子只在某些情况下咬人。如果你能够在你儿子快要咬人的时候保持警觉，通常就能避开他，并将牙胶塞进他嘴里，提醒他可以咬牙胶，但绝不能咬人。

7. 如果你儿子周围有其他咬人的孩子，那就暂时不要让他们碰面。咬人的孩子碰面以后，一般而言会使情况恶化。如果你发现儿子观看的任何东西里面有咬人的场景，要屏蔽掉。

随着孩子学会说话并能够控制冲动，即便最喜欢咬人的孩子也会不再咬人。但希望这些建议能够帮助你儿子马上停止咬人。

劳拉博士

4

16 个月大的孩子喜欢扯爸妈的头发，该怎么办？

亲爱的劳拉博士：

我儿子 16 个月大，喜欢扯别人的头发。从他还是个小孩子的时候开始，他就喜欢扯我和我丈夫的头发。但最近几个月，我感到扯头发几乎成为他无法抗拒的冲动，这对他来说无疑是一种自我安慰的方式。我们的儿科医生说，每次他扯我头发的时候，我应该将他放下来并对他说"不"，但我发现这很难做到。

我想要知道他为什么会这样做，是因为压力吗？我需要鼓励他通过其他方式来安慰自己吗？

我还注意到，他的双手似乎得忙活个不停。我将他放进婴儿车的编织毯上，他通常会玩着穗子睡着。我也曾经给他毛茸茸的填充动物玩具，他非常喜欢这些玩具，但如果我在附近，他会更愿意扯我的头发。

我真的很讨厌他用力扯我的头发，这让我无法开心地抱着他或拥抱他。我希望采用最温柔的方式来消除他的这种习惯，找到这种习惯的根源，尽量帮助他感受到快乐和安全。谢谢你！

一位头疼的妈妈

我能理解你为何讨厌他扯你的头发！

我觉得，你儿子似乎习惯于利用你的头发来获得安慰，将它当成了他心爱的玩具。我认为，你不必忧虑这种习惯因何而起。他是个非常活泼的小家伙，精力充沛。而且他真的喜欢双手忙个不停。所以，我们可以理解为，他要为自己找个可以抚弄的玩具。如你所说，在婴儿床上，他会拨弄毯子的穗子。但当他在你怀中之时，你的头发当然最有吸引力。毕竟，头发连着他的世界的中心——你！顾名思义，心爱之物是你所喜爱的某种东西，因为它能够安慰你。所以，对他来说，你的头发无疑是当之无愧的心爱之物（我认识很多孩子，他们也会这样抚弄妈妈的痣、腋窝，或者在吃奶的时候，他们会抚弄妈妈的另外那个乳头）。

问题是，你如何才能帮助他找到安慰自己的其他办法呢？我认为你说得对，这个习惯不会自己消失。事实上，这个习惯从孩子 9 个月的时候开始，而现在孩子 16 个月了，它占据孩子生命中一半的时光。

我建议你佩戴哺乳项链，每当他想要摸你的头发时，就温柔地将他的手引向项链。当然，你会想要将头发重新扎起来，如果你可以将头发挽成髻并用头巾遮住头的话，那当然最好不过了。哺乳项链并不仅仅用于哺乳，它们很安全，能够很好地转移小家伙的注意力。

当你将孩子的手移开时，他可能会哭。没关系。他当然会因为无法找到他特殊的心爱之物而失望。他甚至可能哭上很长的时间。只要你抱着他，聆听并体谅他，这就不会对他造成伤害。他可能会反复地哭泣，连续哭上几天，直到他习惯新的规则为止。态度始终要慈爱而坚定，像墙壁那样，无论他怎么推，墙壁始终不动。你不必防御、愤怒，或"教导"他任何东西。只需不让他看见你的头发（应该用头巾遮住），并将他的手引向项链即可。在他哭泣的时候表示理解："很抱歉让你这么难过……你想玩我的头发……这是你的项链。"事实上，他可能会利用这个机会消除其余的焦虑感，让他自己变得更加快乐和健康。

所以，如果你能体谅他并接纳他的哭泣，他就会逐渐接受新的心爱之物，也就是哺乳项链。在他做到这点以后，我建议你再买个完全相同的项链，以防这个断开或丢失。如果他不接受这个项链作为新的心爱之物，仍然极力想要玩弄你的头发，那该怎么办呢？答案再明显不过，就是剪掉你的头发。我知道这样做有些激进。但头发还会长回来，而且这样显然能够解决问题。

祝福你！

劳拉博士

5

怎样管教爱推人的"小霸王"？

亲爱的劳拉博士：

　　我 18 个月大的儿子是个小霸王。起初，如果其他孩子妨碍了他，或待在他附近，他就会打他们。后来，他会无缘无故地打他们，纯粹出于好奇心或无聊。再后来就升级为推其他孩子，他长得很结实，往往能把那些孩子推倒。我觉得这很可怕，尝试去安慰摔倒的孩子，告诉我儿子"不可以"，并立刻将他带走，但他似乎不理解或不在乎（前一秒钟他还和伙伴们玩得很高兴，但下一秒钟就会推他的朋友）。有什么办法可以帮助他或我呢？谢谢。

　　　　　　　　　　　　　　　　　　　　　　　18 个月男孩的妈妈

　　你肯定知道，很多幼儿都会经历爱打人的阶段。这让妈妈非常伤脑筋，也非常尴尬，但这完全正常，随着孩子年龄的增长，这个阶段会结束。

　　小家伙们尚在学习规则，他们的共情能力还未充分发展起来。而且，他们正在学习如何对世界施加影响，这意味着他们正在学习如何运用力量。所以，他们会尝试使用武力，看看会发生什么事情。体格更健壮的孩子更容易这样做，而你的孩子可能就是在尝试用武力对抗他人。然后，他看到自己的行为产生了巨大的影响。他们摔倒了！他不知道这会伤害其他的孩子。即便他们哭泣，他也不会明白。但他因为自己能够对世界产生巨大的影响而感到兴奋。这些小人儿常常觉得自己被外界随意摆弄，因此对他们来说，这样的事情太奇妙了！

如果我们知道你儿子推其他孩子的诱因，我们或许就能够采取更多措施来预防这种事情。你说，你儿子既会拍打妨碍他或者待在他附近的孩子，也会无缘无故地将其他孩子推倒。我怀疑他这样做确有原因，但我们不知道是什么原因。例如，可能他正玩耍得开心，太过兴奋了。因为他还太小，还不能很好地承受挫折，也几乎没有能力控制自身的冲动。当他感到难受时，他也无法忍受这些感受，所以他就发泄出来了。推倒其他孩子可以缓解他的压力。他的共情能力尚未充分发展起来，所以伤害其他孩子不会让他觉得不安，这不是说他是个坏孩子，而只表明他是个 18 个月大的孩子。

幸运的是，我们无需了解你儿子推倒其他孩子的原因，就可以防止他的这种行为。我们只需要防患于未然就可以了。

如何做到呢？

1. 在接下来的几个月中，每逢你儿子与其他孩子玩耍时，你都要待在他身边。

这种联结有助于他感到更安全。这意味着，他会更加放松，更少感受到危险，从而更少攻击其他孩子。

● **你儿子和对方都需要知道，你会保护"受害者"**

如果他突然攻击其他孩子，你要马上挡在他和"受害者"中间。

● **立即抱起你的儿子，将他带走**

或许他只是需要休息而已，或许他需要与你亲近片刻，或许他受到了过度的刺激，此时将他带走虽然会让他大哭起来，甚至需要在你怀抱里哭上片刻，但无论如何，将他带走能满足他真正的需要，并保护其他的孩子。你儿子会明白，当他产生这些不快的感受时，父母会帮助他处理这些情绪。这会在他的大脑里形成消除情绪而非发泄情绪的神经通道。渐渐地，他会不再通过攻击性行为来转移他的情绪。

● **教他一些社交技巧**

如果攻击性行为与玩具有关，或者是因为别的孩子妨碍了你儿子，你可以教他学会某些社交技巧，并让他们轮流玩玩具。如果你不知道攻击行为因何而起，你可以对他说："你推了你的朋友。你是不是不高兴？"他很快就会知道，在他感到不高兴的时候，他可以说出他的感受，而这是学会管理情绪（不受情绪支配）的第一步。

● **限制集体玩耍的情况**

要注意，与其他孩子玩耍通常会对孩子造成过度的刺激。孩子们必须应付社交问题，争抢玩具，面对太多的骚乱，以致他们常常觉得与妈妈失去了联系，这会让他们紧张不已（我们知道，孩子们在群体玩耍时会感到紧张，因为他们的肾上腺激素会飙升。但我们也需要知道，在一对一玩耍的时候，他们也会感到紧张）。遗憾的是，压力和隔绝感会让孩子缺乏安全感，所以他们就更可能攻击其他人。所以，要限制集体玩耍的情况。如果他必须待在这样的场合，尽量待在他附近。他还无法独自与其他孩子玩耍。

● **事先预告和提醒**

如果在他与其他孩子玩耍之前，向他解释可能会发生什么事，事情也许会变得更加顺利。

　　"我们到了约书亚的家里以后，那里还有两个别的孩子，他们叫迈克和德文。你和他们要一起在院子里的戏水池里玩耍。如果你需要妈妈的帮助，妈妈随时都在。你可以拍水，那很好玩；要管住自己的手。如果你想要玩具，你可以告诉我，我会帮你请求玩具的主人，这样你就可以和别人轮流玩玩具了。如果你很生气，要告诉我，我会帮助你的，好吗？如果你忘记了我的话，推

倒了别人，我们就得马上离开，不能再玩了。所以，记住要管住
自己的手，要好好和其他孩子相处，好吗？"

这个提醒或警告确实有用，但或许最有用的是让他知道接下来会发生
什么，这样他会感到更安全，并明白你会随时帮助他。

● **抱起孩子向对方道歉**

如果无论你如何努力，你儿子仍然拍打或推倒其他孩子，你要做个深
呼吸并保持平静。如果当时没有其他大人在场，你要忽略自己的儿子，关
心对方的孩子。等到对方孩子没事之后，再抱着你的儿子，向被他推倒的
孩子道歉。"（我儿子）很抱歉打了你。他很生气，忘记用嘴巴好好说话
了。我们希望你现在好受点了。"

如果有其他成人关心另外那个孩子，你要立刻抱起你的儿子，抱着他
向对方道歉。这样做会让你的儿子感到更安全，并帮助他恢复情绪控制能
力，这样，在你向他示范如何向别人道歉的时候，他就能够从旁观察和学
习。然后，尽量平静地告诉你的儿子："推人会让人受伤。你推了人，我
们就不能和其他孩子玩了。现在我们得离开了。"然后，无论他有何反应，
都坚持离开。当然他会哭。此时，你可以在喧闹声中大声向女主人道歉
（你可以事后再给她打电话），拿起你的东西，带他进入车里，让他在你怀
中哭泣。

你是在惩罚他吗？不。你儿子之所以打人，是因为他无法应对那种状
况。不要妄想让他重新和其他孩子玩耍，这对其他孩子也不负责任。你要
将他带离那种场合，帮助他梳理不安的情绪。是的，他会不肯离开。但通
过哭泣，他就能够宣泄促使他打人的所有情绪。

● **不要训斥他**

他已经因为自己的攻击性行为遭到了惩罚。现在他需要你的体谅，
以便他能够消除刚才发生的事情让他产生的愤怒和悲伤情绪。他还需要
你告诉他，他不是坏孩子，只是有点小错，你相信他能够应付成长过程中

的挑战：

> "你非常伤心和生气，我们必须离开。但你推别人的时候，
> 别人会受伤，我们不能再和其他孩子玩耍了。我知道，你真的很
> 生气，但下次你可以用嘴巴告诉他，或者让我帮你的忙。你太小，
> 很难应付这些事情，但你会慢慢长大的，很快你就能记得住了。"

2. 你还可以每天陪着你儿子做些事情，减少他攻击其他孩子的可能性。

● 和他共同玩"推人游戏"

对他说："我们来玩推人游戏吧。你不能推其他孩子，但你可以推妈妈。妈妈不会受伤。"让他用力推你，他一推你就倒下，你要装作傻傻的样子。他会开心地大笑。只要你能够忍受，就坚持玩下去。每天重复这种游戏，只要能让他笑，就继续玩下去。这能让他体验到力量感，以及他推人的欲望，等等。他很可能会喜欢这个游戏，想要经常玩。这就表明，这样做的确有助于让他释放某些东西。你们可以每天玩玩，坚持数月，直到他不再感兴趣为止。

● 认可他的感受，并体谅他

如果你能持续地尊重你儿子的感受，他就会开始培养管理情绪所需的情商。这并不是说，你必须赞同他，或者不再设置界限。而是说，你认可他的感受，并体谅他：

> "你想吃那颗糖，但快要吃饭了，我们不能吃糖。我知道，
> 这让你很伤心。如果你饿了，可以吃点胡萝卜，我也可以抱抱
> 你，让你感觉好点。我们可以依偎在沙发上读你的书。我看得出
> 来，现在你非常伤心和生气，不想读书，你太想吃那颗糖，所以
> 你哭了。你这么伤心和生气，真是太不好受了。等你乐意的时
> 候，可以让我好好抱抱你。"

我们之所以不殴打他人，是因为我们能够体会他们的感受。所以要帮助你的儿子培养共情能力，你可以随时这样做（它丝毫都不会妨碍你的日常生活）：首先，要体谅他的感受；其次，向他示范怎样同情他人。"看，那个小姑娘在婴儿车里哭。她为什么这么难过呢？"或者"哦，罗比跌倒受伤了。哎呀，肯定很疼。你说，如果我们抱抱他，他会不会高兴点？"或者"卡拉肯定很生气。她不愿意回家，是吧？"

● 与你儿子共同寻找安全的方式来表达失望情绪

例如，当他感到很开心的时候，对他说："我们来假装很生气。那样，你生气的时候，我就能知道了。"在群体玩耍的场合，你可以说："哇，你生气了。用表情告诉我，你有多生气。"或者给他准备好握力球，让他在愤怒的时候玩这个球；或者在他生气的时候教他深呼吸（用鼻子用力吸气，屏住呼吸，然后双唇微张，缓缓呼气）。所有这些方法的关键在于，要在他心情愉快的时候教他，然后在他生气的时候提醒他。你会惊喜地看到，在他感到紧张的时候，他会尝试用这些方法来调整自己。

孩子的这个成长阶段给父母带来很大的挑战，但这是你帮助儿子培养共情能力和情商的绝佳机会。所以，如果他下次再殴打他人，你要在他要性子的时候抱着他，并提醒你自己，你帮助他培养的高情商将成为他一生的财富。然后，做个深呼吸，为自己是个出色的母亲而感到骄傲吧。

祝好！

劳拉博士

6

怎样让孩子不再直呼我的名字?

亲爱的劳拉博士:

　　我每周要花两天时间照看一个 3 岁的小男孩,同时要照看我 18 个月的儿子,我儿子非常喜欢那个小男孩。但上个月,我儿子就像那个小男孩那样,开始直呼我的名字。这不是什么大事。我也不生气,我只是不想让他直呼我的名字。妈妈是个特殊的称呼,只有他能够叫我妈妈,其他人都不能。所以我不知道应该怎么办。我应该忽视这件事呢,还是直接温柔地纠正他呢?

　　谢谢!

杰西

杰西:

　　你儿子听起来很可爱,他只是想模仿他的大朋友。当我儿子处于他这个年纪的时候,我妈妈来拜访我们,我儿子开始学她直接叫我劳拉,而不是叫我妈咪。当然,等我妈妈在周末回家以后,他也就重新叫我妈咪了。

　　18 个月大的聪明孩子正在努力地摸索这个世界的规则。他认为 3 岁大的孩子了解这些规则。研究表明，如果你的规则和孩子们同龄人的规则发生冲突的话，他们在社交习俗等事情上倾向于遵守同龄人的规则，正是因此，移民群体会被同化，孩子们会开始聆听他们的父母无法了解的音乐。

你避免让这件事情演变成对抗局面，这是绝对正确的。我总是建议父母，除非事关安全等特别重要的事情，否则都要避免对抗。这件事之所以重要，只是因为你觉得它很重要，很多父母并不介意孩子直呼其姓名。此外，你儿子正在体验这个年龄所渴望的独立感，你不应该阻碍他。

与此同时，忽视这件事并不能让儿子明白你的意思：他的朋友可以直接叫你的名字，但你希望他叫你妈妈。幸好，他会说话了，而且能够理解这个想法。所以，你的目标是教会他这条社会"规则"，但又不至于小题大做。

你首先可以告诉他们，两个孩子都有妈妈，并鼓励这个 3 岁孩子见到他自己的妈妈时要叫她"妈妈"。当她妈妈来接他的时候，告诉他"你妈妈来了！"然后对你儿子说："你妈妈在哪里呀？对，我就在这里！"并拥抱你儿子。这样，你儿子就会明白，每个人都有自己的妈妈，而且按照社交习俗，我们只能用这个特殊名称来称呼我们自己的妈妈。

当你看见其他妈妈带着自己的孩子的时候，你可以告诉儿子，他们对自己的妈妈都有特定的称呼，无论是妈妈、妈咪还是其他称呼，只有他们自己才能使用这个称呼。

陪伴他阅读也能强化这种观念。你可以让他看书中的妈妈和孩子，并告诉他："那是他的妈妈！"如果你能为书中的人物或他的填充玩具编出各种对话，假装妈妈在和孩子们彼此互动，并让孩子们叫他们的妈妈"妈妈"，这样也非常好。

最后，如果你儿子直呼你的名字，你可以直接说："你刚才叫我杰西？那是我的名字，所有其他的人都叫我杰西。但你是我儿子，你得叫我妈妈！只有你能够这样叫我。只有孩子才能够叫他们的妈妈'妈妈'。我喜欢听你叫妈妈，因为只有你能叫我'妈妈'。"然后拥抱他。永远不要因为他直呼你的名字而批评他，只需要温柔地告诉你，你非常喜欢听他叫你妈妈。你得反复这样做很多次，但随着时间的推移，他会越来越多地叫你妈妈。

当然，每当他叫你妈妈的时候，你就要用大大的拥抱来奖励他，并告诉他，做他的妈妈让你感到非常幸福，而且你非常喜欢听到他叫你"妈妈"！

劳拉博士

7

孩子喜欢乱扔东西，该怎么管教？

亲爱的劳拉博士：

我的儿子从大约 14 个月起开始喜欢乱扔各种东西，尤其喜欢扔食物。他现在 2 岁了，这种状况还在继续。我们告诉他，哪些东西能扔（毛绒玩具和球），哪些不能扔（硬物和食物）。我们买下了球坑，让他练习扔那些能扔的东西，当他扔了不该扔的东西时，我们就会让他去球坑玩，但他只是遮住自己的眼睛说"你看不到我！"就跑开了。每顿饭吃到最后，他都会将饭菜扔掉（除非我们阻止他，坐在他旁边等到他吃完为止）。午饭的时候，他正要把奶酪粉扫到地上，我拿走了，并对他说"不许你这样做"，他为此大发脾气。我们的"策略"显然无效，我真的不知道该怎样做。大多数时候，他觉得这样做很好玩，并没有意识到这样很危险或者会造成伤害（尽管我们告诉了他）。他的语言技能尚不成熟，所以我认为他还无法理解那样的复杂概念，但他绝对知道哪些东西不能扔。你有什么办法吗？

谢谢！

萨拉

亲爱的萨拉：

　　读你的来信时，我笑出声来了，你的孩子太可爱了。幼儿们都喜欢乱扔东西。他们高兴的时候就乱扔东西，生气的时候会乱扔东西，吃饱后也会乱扔东西。如果在他想要将奶酪粉扔掉的时候，你将它拿走了，他当然会大发脾气。坦率地说，你所采取的大部分做法都是我所推荐的，也就是说，要坐在他旁边，在他扔食物之前将食物拿开，让他在球坑中扔可扔的东西。我还要确保他每天有足够的扔东西的时间。让他在室外扔球，在室内将填充玩具扔过栏杆。要让他经常扔东西（他很可能会成为棒球投手或物理学家）。当他度过这个阶段以后，他会设法做些同样让你沮丧的事情，比如，把狗的水碗倒空，或者把小刀插进电线插座。这就是他的工作。

　　问题在于，你是否对他具备足够的耐心，以便他能够受到你的影响呢？他的理解能力与日俱增。要不断地设置界限（他生气或哭泣都是正常的）。要始终体谅他（我知道你喜欢扔东西）。要不断地解释（哎哟，遥控器可不是用来扔的）。要不停地将东西放到他拿不到的地方。这样情况就会好转。你可以试着将其中某些片段录下来，将来这些片段会变得无比珍贵。

　　祝你好运！

劳拉博士

8

如何管教精力充沛、不听话的幼儿?

亲爱的劳拉博士:

我的孩子 26 个月大,她的行为让我很头疼。

1. 当我阻止她做某件事情的时候,我通常会直接把她抱走,偶尔会直接带走她(动作温柔,但有时候会有点粗鲁)。当她坐在我们的小狗身上或扔东西的时候,我会这样做。她会变得无精打采,耷拉着脑袋。这时,我会陪她坐下,谈谈(简单地谈论)她刚才的行为。

2. 当她拿到她不应该拿的东西时,她就会跑开,好像有人在追她似的。她既觉得有趣,同时又知道自己做了不该做的事。

3. 她似乎经常和我唱反调,故意做我不许她做的事情。这个问题已经变得非常严重,因为最糟糕的是,当我叫她将嘴里的东西拿出来的时候,她反而会将它吞下去。

你有什么建议吗? 谢谢!

凯瑟琳

凯瑟琳：

当我们采取顺应育儿法来养育婴儿时，这就意味着，我们需要聆听他们的要求（需求）并满足他们。但也意味着复杂得多，因为他们的要求不再等同于需求，至少当我们从长远角度来考虑的时候，它们是不同的。我们聆听你女儿的要求（比如坐在小狗身上），考虑她和我们的短期需求（不要被狗咬，保证小狗的安全与欢乐）和长期需求（让她明白，坐在小狗身上会让狗受伤），做出最有利于她的决策，然后应对确定界限以后产生的新情况（由于要求没有得到满足，她会产生强烈的情绪反应，她很可能需要别人帮助她处理这些情绪）。

26个月大的孩子正在非常努力地适应规则。在这个年龄或任何年龄，他们绝不需要管教（我说的是惩罚），因为这无助于他们学习。他们确实需要你的引导，持续不断的引导，以便学会怎样过健康而负责的生活。

他们常常会抗拒你的引导，这是自然而然的。他们为何要听我们的呢？但我们通常仍然需要坚持引导他们，而他们自然会对此产生强烈的情绪。我发现，父母常常会对此感到困惑，他们认为要教导孩子就必须"声色俱厉"。但愤怒通常只会吓着孩子，而当孩子处于"反抗、逃避或原地不动"模式的时候，他们无法学到任何东西。所以我们要带着耐心设置界限，并体谅孩子的不开心，这通常能够更好地教导孩子。最终，我们的孩子会明白，他们不能总是如愿以偿，但会得到更好的东西：有人爱他们和完全接纳他们，包括所有的愤怒和不快乐的情绪。

当我们坚持亲身示范，并以体谅的态度引导孩子们的时候，他们就会知道我们在支持他们，就不会那么抗拒我们的引导了。当然，2岁大的孩子正在体验力量感和独立感，所以他们需要自己做决定。因此，常常是我们不让他们做什么，他们就会做什么。当他们觉得受到了过度的控制或摆布，就会对此做出反应。但这通常并不是针对我们，或有意违背我们的愿望。他们只是想要掌管自己的生活。这种冲动是健康的，是为自己负责的开端。但对于我们父母来说却是个挑战！

所以，针对你提出的问题，我的回答如下：

1．"她会变得无精打采，耷拉着脑袋。"在我听来，她可能是处于"反抗、逃避或原地不动"模式中的"原地不动"模式。这是被吓到以后的自然反应。想想看，26 个月的孩子正高兴地试着坐在小狗的身上，或者想看看她是否能以扔玩具卡车的速度将水杯扔出去，突然，有个巨人（原本是她亲爱的妈妈，但不知怎么突然就变得粗暴而恐怖）抓起她丢在沙发上。她会真的听见你说了什么吗？还是会变得有点蔫蔫的？

如果你能够做个深呼吸，口中反复念念有词"没什么大不了的"，也许就能够在干预孩子的时候稍有分寸。你也许可以靠近点，将她从狗的身上揽到你的膝头上。也许可以用这只手抓住卡车，另外那只手抓着她的手臂，在她扔出去之前阻止她。

然后呢？显然你的目标是教她不要做这些事。因此，你要在沙发上和她"谈话"。我敢保证，当她无精打采的时候，她并不会聆听或学习。相反，我们要关注她无精打采背后的感受。她要么是吓着了，要么是因为你打断了她的物理实验或阻止她驾驭狗狗而感到生气，要么是因为被你当场逮到正在违反规矩而感到尴尬和丢脸，要么是她其实在用越界行为刺激你，想要让你出手帮她消除她无法面对的强烈情绪。无论怎样，和她谈话都对她不管用，要关注她的情绪才有用。

如何关注呢？

你要看着她的眼睛，对她说："这不是用来扔的。我们可以到外面去扔球。""狗狗不喜欢那样。它会疼的。哎哟！"她可能会哭，因为她感到沮丧或害怕；或者因为与你的眼神接触、你温柔的声音以及设限，让她触碰到了那些始终在寻找出口的强烈情绪。在这种情况下，要抱着她并对她说，"我阻止了你，你不高兴。你喜欢扔东西……你想要和狗狗玩……我就在这里，你很安全。"

她可能会用挑衅的眼神看着你，想要继续扔东西或抓狗狗。此时，她是在试探你，看你是否当真在设置界限，以及她是否能安全地向你宣称自己是独立的。你需要让她知道，两者的答案都是肯定的。所以，你只需要对她进行必要的身体限制，并要以温柔和体谅的态度重申"不能扔东西"或"不能坐在狗狗身上"。此外，还要告诉她，你明白她的需求，而且你们可以通过其他办法满足她的需求：

> "这不是用来扔的。我知道你现在想扔东西，我们可以到外面去扔球。我们到外面去吧。"
>
> "狗狗不喜欢这样，它会疼。你想和狗狗玩，是吧，亲爱的？要这样轻轻地，轻轻地。"

至此，她就会知道，这是规则，你不会让步。她还会知道，你明白她的想法，而且你非常关心她，努力地想让她高兴。她也会就此学会双赢的问题解决办法。通过你的示范，她会明白：即便我们有强烈的感受，我们也可以保持平静，而且所有的感受都是可接受的，但有些行为必须加以限制。你始终要关注她的感受，而不要进行说教，告诉她对错之分。尽管她可能会哭起来，而这正好有利于消除所有那些强烈的情绪，她不会再无精打采了。

2. "当她拿到她不应该拿的东西时，她就会跑开，好像有人在追她似的。"她既觉得有趣，同时又知道自己做了不该做的事，这也是运用自身力量的办法。我建议你每天和她玩追赶游戏，你只需要假装在快要抓住她的时候摔倒，哀叹她跑得太快了，你根本无法抓住她，只要能让她笑出来就好。那样，她会觉得不必作弊也能跑得比你快。这样会强化她不好的行为吗？不会，只会改变她的行为。这样做能够满足她的需求，这样，她就不必抓着剪刀到处跑，来诱使你参与这个游戏。

如果她仍然抓着剪刀乱跑，怎么办？不要追她，这样她就不会再跑。要平静地对她说："你拿着剪刀。能给我看看吗？"当她把剪刀递给你的时候，要抑制一把夺过来的冲动。相反，要让她拿着剪刀，让她看看锋利的刀口。然后让她跟着你去拿一张纸，在你的监督下剪开。告诉她，下次她还可以和你一起使用剪刀，但现在得将剪刀放到安全的地方，因为你现在要去做别的事情，所以剪刀得待在它该待的地方。然后将剪刀放在她拿不到的地方。

这样对你们有什么好处呢？她学会了要保护自己的安全。你给了她主导权，这是比拿着禁用物品乱跑更高的力量。她知道，与拿着剪刀跑开相比，如果她回来将剪刀给你看，她就会得到更好的东西。

如果她不回到你身边，怎么办呢？此时不再是游戏，而是与你作对了，这通常表明她需要你主动与她建立联结。为什么呢？因为所有孩子都想完全按照自己的意愿行事。但此外，他们还想要与你保持积极的联结。和你作对就表明她不再在乎与你之间的联结。所以你的首要任务是和她联结。陪她嬉闹大笑，逗她笑出来，和她共同做些她感兴趣的事情，这样她就会不再和你作对。但此刻，你得走到她身边，按住禁用物品，重复上文中她要扔东西时你所采用的方法。

3. "她似乎经常和我唱反调，故意做我不许她做的事情。"

你女儿在证明，她可以随心所欲地做任何事。事实上，她的确可以。我们的目标是帮助她愿意与你合作。但除非满足她对于力量感和自主权的需求，否则她不会乐意合作。

同样，我会通过陪她玩要来解决这个问题。当你有时间陪她玩的时候，可以和她玩"逆反心理学"游戏，你想要她做什么，就给她相反的指令，然后在她违背你的指令时大呼小叫。要采取戏谑的、有趣的方式做这个游戏，这样她就会明白，这其实是个游戏，她会很喜欢这个游戏。

"我们来玩'不要'游戏吧！……好，不要喝那个果汁……哦，不，你在喝那个果汁……好，不要坐下……哦，不，你坐下了！……好，无论你做什么，不要拥抱我……"

只要她在笑，就很好。对她说："好，就这样。这表示你可以得到一个大大的拥抱！"然后温柔地将她拉进怀里，给她一个大大的拥抱，并说："当你做我不让你做的事情的时候，你肯定需要一个大大的拥抱！"

她会不会觉得违抗你是个随时随地都可以玩的游戏？不会。当你们不玩游戏的时候，规则是很严格的，你的态度和语调会发生改变，她会立刻注意到。80%的沟通是通过语调和肢体语言进行的。此时，你可以像在第一条回答中那样设置界限，并帮助她处理相关的情绪，你甚至可以说："我不是在逗你玩，不许伤害狗狗。"

当你宣布游戏开始并逗她发笑的时候，这通常会消除她想反抗你的愿望，也会缓解你们之间的紧张关系。这样，在其他时间她更可能配合你的要求。与此同时，你可以通过其他方式增进她的自主意识，这样她就不必通过反抗来试探你。

真诚地祝福你，好好珍惜活泼的女儿吧！听起来她很可爱。

劳拉博士

9

我的孩子失控了，总是惹我生气，怎么办？！

劳拉博士：

我 2 岁半的儿子完全失控了！他什么话都不听，总是不断地咬人、打人，总是很生气。他将玩具扔得到处都是，还用玩具砸人。他常常扔食物和水壶，总是惹我非常生气！

我从来不会还手或反过来咬他。关禁闭也不管用，没收玩具也没用，这样只会让他更多地咬人和打人。如果你能够告诉我对付他的妙招，我会不胜感激。我需要解决这个问题。希望我们能够像他小时候那样亲近，但同时我希望他能听我的话，不再打我。

谢谢！

2 岁半男孩的妈妈

我的妙招是：

1. 控制你自己的情绪，即便当他激怒你的时候。这真的很难，但如果你发脾气，他肯定也会失控。所以当你被激怒的时候（你会这样，因为你也是人），你要先走开，让自己冷静下来，然后再和他互动。

2. 与他建立**联结**。听起来你在这样做，但愤怒可能会妨碍你。

3. 帮助他消除这些行为背后隐藏的情绪。我敢肯定，你目前最缺乏的就是这个。有时候孩子就是需要哭出来，此时我们要带着爱意陪伴他们。

4. 既然他是个幼儿，你要明白哪些活动适合这个年龄，并引导他转向这些活动（听起来他是个超级活泼的小家伙）。

我的《父母平和　孩子快乐：如何停止吼叫，与孩子建立理想关系》这本书对所有这些问题都进行了详细介绍。你读过这本书吗？我觉得这本书非常有助于你重新与儿子建立你所盼望的亲密感情。

祝好！

劳拉博士

10

3 岁孩子说脏话，怎么办?

亲爱的劳拉博士：

我 3 岁的儿子似乎无意中听到我丈夫的朋友说过脏字。我和丈夫都不说脏话，我非常肯定。我儿子在一月份不断重复这个字眼。此后，他大约每隔几周就会说一次。我一直都没有在意，直到上周，他对我的朋友说脏字，这让我感到非常尴尬。我告诉他，这是脏话，他不应该说。我觉得我犯下了大错误，因为他此后就不停地说这个字眼。我试图将他关禁闭，让他独自待在卧室里，并再次告诉他这种字眼很难听，但这似乎都没有效果。

一位担心的妈妈

3 岁的孩子正在体验自己的力量，你的儿子找到了很有效的字眼，他自然想要说个不停，尤其是因为这种字眼能够激起你的强烈反应。你的儿子虽然年龄很小，却很迷恋力量，任何引起你关注的事情，他都会重复做个不停。正是因为这个原因，我们需要给予孩子积极的能量和关爱，让他按着本性成长并配合我们，这才是最好的"管教"办法（他们不必通过故意调皮捣乱就能获得我们充分的关爱）。

大多数专家都会建议你忽略儿子说脏话，但你的儿子不是笨蛋，他觉察到了你的反应，知道他学会的这个字眼具有力量！既然你不在意，没有帮助他了解这个字眼的意思，他就会试着对你的朋友说脏话。哈哈！

现在需要采取若干新的办法。如果你告诉孩子这种话很不雅观，这只会让他更迷恋这种话。我们不妨试试三种不同的方法。首先，我们可以向他解释为什么说这种话不妥，并告诉他怎样换个说法。与此同时，我们可以给予他机会，让他放心地试着说这种话。最后，我们要消除任何对抗，这样，他就不会热衷于通过说这种话来故意刺激你。

1. 转移方向

下次当他使用这种很糙的字眼时，问他怎么理解这个词的意思。然后向他解释，这种脏话很粗鲁，只有当人们非常生气并缺乏智慧、不知道通过其他方式来发泄情绪的时候，他们才会说这种话。他们说这种话只会让其他人感到难受，因为这种字眼是在辱骂别人、冒犯他人。他能够意识到，说这种话让你的朋友感到很难受，让你也感到很难受。既然你说你的儿子很聪明，那么，在他感到生气或沮丧的时候，他肯定可以想到许多其他字眼来表达自己的情绪，而不致冒犯他人。他知道，在你们家中，每个人都不会辱骂家人，这是规矩。

充分发挥灵感，将谈话转变成游戏，列出在生气和沮丧时可以说哪些话并将它们记录下来。这些话并不粗鲁，可以说"我气疯了"，也可以说"阿伽门农"或"水牛走开！"我知道他还不识字，因此，单单将这些话贴在冰箱上还不管用。你也需要采取有趣的做法，在家中试着说这些话。

2. 让他尝试

引导孩子的冲动比阻止它要容易得多。这就是说，他不会轻易地放弃他最近学会的这个有效字眼，但你可以重新引导他在无害的环境中使用这种字眼。要提醒他，不能在其他人在场时说粗话，因为这就等于在冒犯他人。如果他想说粗话，他需要在私底下说，或者找个特殊时间来说。

我所说的特殊时间是什么意思呢？我建议每个家长与每个孩子每天至少度过 10 分钟的"特殊时光"。不必严格安排这段时光，但要利用这段时间来帮助孩子消除各种情绪，并与你再次培养感情。这是帮助孩子们克服各种问题的大好时机。

告诉儿子，你希望和他共度 15 分钟的特殊时光，在这段时间内，他可以口无遮拦，想说什么就说什么。你需要事先做好心理准备，不要让自己被他激怒。提醒自己，这种做法有利于让他戒掉不良癖好。他只是在你的容许范围之内说说而已。

当他说出他时常挂在嘴边的脏话时，要将它转变成游戏，从而让他乐意再三重复这种脏话。你可以假装听力不好，要儿子重说。要保持幽默感和轻松有趣的氛围，因为你的目标是逗他发笑。如果他能因为说脏话而咯咯大笑，这就释放了促使他不断说脏话背后的紧张和焦虑感。这些焦虑感可能与教他在学校里说脏话的那个孩子有关，也可能与你俩之间的冲突有关。你不需要知道原因就能帮助他消除和克服它们。

不断采用各种办法逗他发笑，可以扮演成乡下白痴，或者故作吃惊地发现"现在有人说这种话！"试着模拟争吵比赛，对他说些无厘头的话。尽量表现得很可笑，从而让争吵比赛能够逗他笑个不停。当你反复用新奇而无厘头的话来做出回应时，比如向他回喊"巴姆法西"或"苏普卡里弗拉基利斯提克"或"斯诺里格斯特"时，他可能很快就会觉得自己说的话平淡乏味。假如你很难想到很可笑的字眼呢？那就利用谷歌来事先做个表格，贴在离你和儿子不远的地方！

我们会取得什么样的效果呢？我们让他以安全无害的方式玩耍，无所顾忌并达到震惊了我们的效果。他们无疑乐于进行这种尝试，因此，只要让这类字眼失去魅力，我们就能帮助他不再说这些脏话，反而会更加亲近我们，这样，他就可能尊重你的意愿和要求，乐意听从你的教导。我们要承认，他对这种不雅话语以及力量感的兴趣是正常的，不会让他变成讨人厌的坏孩子。

在玩过15分钟这个游戏以后，最后要搂抱并亲吻他。然后改变话题，给他阅读他最喜欢的书籍，再去共同做些其他事情，比如做饭或洗澡。当他重新平静下来以后，说："那个游戏很好玩，对吗？"告诉他，只要他喜欢，你随时愿意和他玩这个游戏，但是，除开特殊时光以外，家里任何人都不许说脏话。如果他想说脏话，他可以在自己的卧室私下里说，但他不能向别人说，因为这会冒犯他人。只要你儿子觉得他能主导自己的生活并和你情感亲密，他就乐于顺从你的引导。

3. 消除对抗

学龄前孩子说脏话和骂人通常是因为他们其实对此感到非常焦虑。笑声能够驱散这种焦虑感。他们为何会焦虑呢？因为在我们的文化中，这些脏话具有力量。此外，年幼的孩子还担心许许多多的事情，包括：他们能否及时去卫生间、意识到他们以及你以后都会死亡。

但是，学龄前孩子说脏话也是因为他们觉得在生活中非常无助，这些脏话让他们能够支配我们，尽管这只是暂时的。对于那些动辄觉得自己受到摆布的倔强孩子以及受到父母太多掌控的孩子来说，尤其是这样的。当你儿子说脏话时，为了避免对抗，不要禁止他说脏话，说到底你也管不住他的嘴。相反，要提醒他，这种话很粗鲁无礼，会让他人觉得难受，在他人面前，我们不会说粗话或脏话。告诉他，他可以自己选择在哪儿说这种话（他可以去卫生间或自己的卧室），但不能在他人面前说这种话。如果他想表达沮丧，这当然无妨，贴在冰箱上的长清单中的措辞都可以用，你可以帮他阅读这些话，并选择其中某种措辞。

如果他再三说脏话，想要看看你的反应，此时千万不要上钩。不要理会他蓄意挑起的每次对抗。相反，不妨说："你说什么？你刚才说，你需要我吻你100次吗？"然后抱住他并吻他，打破僵持局面，通过轻松愉快的嬉闹和他重新互动。这会彻底改变整个氛围，此时，你的儿子很少会继续说脏话。

祝你好运！

劳拉博士

11

4 岁的孩子打妈妈，该怎么办？

劳拉博士：

我 4 岁半的女儿会打我、抓我、掐我。当我不让她随心所欲，例如看电影、吃糖果的时候，或者我没有及时满足她的要求，或很疲惫没有专心陪伴她的时候，她就会这样做。我完全能够理解，她激烈的反应表明她的某种需求没有得到满足，但我讨厌被她"虐待"。有些时候，我至多只能克制自己不动手打她。

她是个非常固执但可爱的女孩。我们关系非常融洽。她非常自信，善于表达。这些年来，我们都在努力教她在和其他小朋友打交道时学会动口不动手。她似乎只打我。她不会采取这种方式来对待我的丈夫。不知为何，她似乎觉得自己有权伤害我。

一个 4 岁半女孩的妈妈

我能够理解你为何觉得受到了虐待。每个家长在某些时候都会觉得自己透支了。平衡孩子的需求与我们自身的需求最考验家长的平衡能力。

当然，我们可能很难弄清楚孩子在每种特定情况下的真实需求。是的，她的激烈反应表明了她的某种合理需求没有得到满足。但那种需求其实无意伤害我们，即便她认为会造成伤害。那种需求旨在表达她的感受并得到我们的理解，从而让她能克服这些感受。尊重孩子的需求绝不意味着让自己反复受到伤害。事实上，孩子需要我们保证她的怒气伤害不到我们。否则，他们就会觉得他们的怒气非常可怕。孩子们需要认识到，父母能够帮助他们克服各种强烈情绪，包括他们的怒气。他们知道自己无法克制怒气，因此害怕自己会伤害到我们。我们有义务不让他们伤害到我们。

当孩子陷入恐惧之中的时候，常常会表现出攻击行为。在这种时候，我们需要保护好自己，但与此同时，我们也应陪伴并帮助他们深入愤怒背后的恐惧感。此时，"大哭大闹"有助于让孩子们将恐惧呈现并释放出来，让他们不要因此而攻击他人。

你的女儿并没有情绪失控。当她向你索求某种东西（例如你的陪伴），或者她认为你不让她得到某种乐趣时，她才会攻击你。

她为何会这样做呢？这可能与下列部分或全部因素有关：

1. 她可能认为，这会让你给予她想要的东西。要纠正她的这种想法，只需要确保不管发生什么事，不让她因为伤害你而如愿以偿。当她索要糖果或想看电影时，明确而亲切地确定界限："现在不行，宝贝儿。"

如果她转而攻击你，那就躲开她，不让她伤害到你。"这让你生气和难过，但我不会让你伤害到我。"

她可能认为，她的幸福完全取决于她能够得到这份糖果，因此她必须得到它。这种执拗表明她内心积压着若干强烈情绪，而她在竭力压制这些情绪。孩子们往往也会像成人那样，利用电影或开心事来调整自己的情绪。这就涉及下面的第二个问题。

2. 她被某些强烈情绪吓坏了并很难克制这些情绪。当这些情绪涌现出来的时候，她会通过打人来抗拒它们。既然你是她最亲近的人，你就成为了她的攻击对象。

孩子们往往害怕自身的强烈情绪，竭尽全力想要抗拒它们。他们会用食物、媒体等东西来遏制这些情绪。但这些强烈情绪会拼命反抗，这往往就是孩子的执拗或攻击性行为背后的原因。当孩子们这样做的时候，他们是在告诉我们，他们需要我们帮助他们放心地体验自身的情绪。

因此，当你不肯让她吃糖果或看电影的时候，她的情绪就会反弹。为了抗拒这些情绪，她会动手打人。这是非常普遍的做法，因为"最好的防御就是主动进攻"。你既然知道她会动手打人，可以事先做好准备，以免她打到你或掐到你。如果她不肯住手呢？这时你需要阻止她的攻击。

很多家长在孩子打人时都会走开，例如，走进其他房间并关上门。我担心，这会诱发孩子的恐慌感，觉得自己被父母抛弃了。从本质上来说，当我们离开孩子时，我们就在告诉他们，我们奈何不了他们的强烈情绪，他们不能怀有这些情绪。如果他们渴求我们的爱，他们最好是抑制和隐藏这些情绪。问题在于，在受到这样的抑制以后，情绪还是会不断涌现出来，产生反弹，寻求向外宣泄的渠道。情绪不受意识的控制，因而会促使我们做出在事后感到大惑不解的抉择："我当时究竟是什么想的？"为了不让被压抑的情绪浮现出来，我们往往会求助于我所说的"小瘾"：美食、购物、电视。因此我建议你不要将孩子赶回她的卧室，以此来压制她的感受，相反，在她发脾气时你应该陪伴在她身边，尽力体谅她，帮助她感到安心。

你的目标是帮助女儿透过愤怒，接触到愤怒背后的情绪。几乎可以肯定，这种情绪就是恐惧，因为恐惧往往会引发攻击行为，而被容许打父母的孩子内心里肯定非常害怕。因此，当女儿打你的时候，你应该坐在地上，将女儿慈爱地揽到怀中。"天哪，宝贝儿，你这么生气。你现在非常想看电影，我不让你看，你感到非常生气……但我不会让你伤到我，我会保证我俩的安全。"

如果她继续想要伤害你，那就从背后抱着她，双手箍住她的身体。这基本上能保护你不受她的伤害。要尽量温柔，语气要冷静而柔和。在她反抗的时候，对她说："我只想抱着你，保证我俩的安全。现在你可以发泄所有那些情绪。"这样，你就为她营造了拥抱她的安全环境，让她能够宣泄并消除这些情绪。

你抱着她只是为了让她伤害不到你，这不是惩罚。她坐在你的腿上，这缓和了对抗，增加了安全感。当她不再试图打你的时候，你就可以完全松手了。但是，根据我的经验来看，喜欢打人的孩子之所以希望与他人发生肢体冲突，是因为他们在生理上处于"战斗"模式。如果你能帮助你的孩子放心地克服"战斗"模式，她就能接触到愤怒背后的恐惧。

几乎可以肯定的是，她会挣扎、流汗、满面通红并大喊大叫，孩子们宣泄恐惧的时候就是这样的。这或许显得有些吓人，但你要提醒自己，你正在帮助女儿宣泄她的恐惧感。要冷静地提醒自己，你正在帮助女儿"向你显示"她的恐惧。你不必说太多话，只需要说："你没事的……我就在这里。"不时这样说几句。尽管她可能会生半小时的气，但你无须始终将她抱在怀中。只需要抱到她不伤害你为止。然后就待在她身旁，但要保证她伤害不到你。

她可能会讨价还价："好了，放开我，我不会伤害你的。"然后转身踢你。如果她这样做，那就做个深呼吸来消除自己的愤怒，以免吓到她，并温柔地重新将她抱在怀中。此时，在她挣扎的时候不要放手，只需要说："我听到你说你不会伤害我，但你刚才就这样做了，我需要保护我俩的安全。不要担心，我绝不会伤害你。我会抱着你，帮助你消除这些情绪。"孩子们宣泄恐惧时，通常都需要在我们怀中挣扎，因此不妨让她在你怀中挣扎。但是，此时也不要将她抱得太紧。

要留意你自己的情绪。如果孩子的攻击行为惹得你非常生气，你就无法亲切地将她抱在怀中。这种做法绝不是要惩罚她，只是为了让她无法打你。但是，如果你被她惹得非常生气的话，那么她会觉察出来，因而失去安全感，这会让你前功尽弃。因此，当你发现自己被惹怒了的时候，那就不要抱她。此时只需要保持冷静，努力调整自己的情绪，尽量在言语上体谅她的感受。当她动手打人的时候，要保证自己不受伤害。你往往可以用语言来架起桥梁，让她觉得你在充分帮助她消除恐惧。

最后要留意你的孩子。你比任何人都更了解你的女儿。你的目标永远是营造安全感，而不是惩罚她。因此要信任你自己的直觉。如果这对你的孩子不管用，那就不要这样做。我绝不建议你让孩子感到不安。

3. 她不相信其他索取方式能够满足她的需求。许多专家建议你"忽略"孩子的攻击行为，以便消除它。我认为这会传递出错误的信息。我认为正确的信息是："我知道你有若干很强烈的情绪，你想要伤害我，以此吸引我的注意。我会陪伴你，帮助你消除这些情绪，但我不会让你伤害我。"

当然，最好是预先就关注你的孩子，而不是等到她伤害你以后再关注她。最好的办法就是安排好每天15分钟的"特殊时光"。用她的名字来给这段时间命名，表明这段时间具有最特殊的含义。

妨碍孩子们感受到父爱母爱的障碍，往往就是他们未曾表达出来的强烈情绪。幸运的是，除开哭泣以外，还有别的办法来宣泄这些情绪。逗她发笑几乎也同样有效。请你经常和女儿玩耍并逗她发笑。对于喜欢打人的孩子来说，枕头大战游戏尤其有效，这在部分程度上是因为它们让孩子宣泄掉了自身的攻击欲。

我们有义务帮助孩子学会采取更好的方式与他人相处。你帮助女儿不打同龄人，这做得很好。现在，你需要认识到，她打你是同样不能接受的。如果你很清楚地知道，任何人（包括你女儿）都没有权利打你，那么，你就不会容许她打你了。

劳拉博士

12

关禁闭无效了，如何应对抓狂的 3 岁孩子？

劳拉博士：

最近几天，我们快 3 岁的儿子完全失控了。丝毫都不夸张地说，他会放声大叫几个小时。在禁闭期间，他会用手头的任何东西来捶打卧室门，变得越来越生气，最后气得身体发抖或抽搐。我们试遍了以前行之有效的做法，但这些方法对他现在都毫无效果。他会变得越来越伤心和生气。我问他是否生病和受伤了，他通常都不承认，说他就是想要哭喊。偶尔他会说他很疼，但又说不出来哪儿疼，往往要求吃他喜欢吃的药片。我觉得这不正常。

下面这些补充信息可能也有助于你进行分析：他 4 个月前进了一家新的日托中心，在那里成长很快。我们有个 7 个月大的孩子。我丈夫在上个月的周末必须加班，因此，我只好独自在周末带两个孩子。

A 女士

亲爱的 A 女士：

　　试遍了以前有效的方法却发现它们现在并不管用，这对你来说肯定非常辛苦！但孩子们的成长就是这样，他们会不断达到新的发展阶段，因此我们不得不做出调整。如果我们能够通过体谅、限制和尊重孩子等方式，而不是动用武力来促使孩子配合，这就会让我们和孩子更轻松地度过现在和日后的发展阶段。采用武力制服孩子的做法迟早都会对孩子失效。它失效得越迟，我们对孩子的伤害就越大，影响也就越难消除。例如，我见到许多父母由于他们的孩子已经不再怕家长动武，无法继续控制孩子而带孩子去看心理学家。家庭中的惩罚措施已经影响了这些孩子的心理，要纠正他们的行为并不容易。

　　你碰到的问题当然还不严重，还能够纠正过来。谢天谢地，你的儿子向你表明他有多么痛苦，这给了你及时纠正的机会。同样幸运的是，他的妈妈非常聪明，知道她需要倾听儿子的心声，而不是惩罚他。

　　你似乎有个很棒的孩子，他在学前班表现不错，和大家相处得非常开心。然而，你将他关禁闭，指望他为自己大发脾气而向你道歉，这会让你的儿子非常生气，并让他觉得自己是个坏孩子。我知道，"专家们"经常会建议关禁闭，似乎认为孩子能够自主控制自己的脾气，但这些做法实际上会让孩子更加讨厌自己，破坏亲子关系，还会导致更多的不当行为。

　　除开那种令人不安的惩罚措施以外，你的孩子还面临着巨大的新压力。许多孩子会对新生的弟弟妹妹作出反应，但是，当小孩子 6～7 个月大时，年龄大点的孩子会更加怀念以往的时光或大发脾气，因为他意识到弟弟妹妹会留在这个家中，会露出可爱的笑容，成为他的竞争对手。

　　大多数年龄大些的孩子都无法很好地面对自己对新生孩子的复杂感情。这通常既有保护欲，又掺杂着想将弟弟或妹妹扔进马桶中冲走的欲望，他们并为此感到愧疚。如果他们出于复杂的情感压力做出了不当行为，父母因此将他们关禁闭，那么，他们就会得出肯定的结论，认为自己打弟弟妹妹，是个坏孩子，这会让他们每况愈下，继续要脾气。

此外，你又将他送进新的幼儿园（不管多好的幼儿园），让他不得不建立新的人际关系，并可能怀念过去的时光。同时，他的爸爸每个周末都不在家，劳碌不堪的妈妈还得分心照顾那个极其需要关爱的新生孩子，那么，你可以从儿子的角度想想，他有多少个值得哭泣的理由。

这就是你的问题的答案：如果你能抱着儿子，直到他不再哭泣为止，那么，你就等于给了他绝妙的礼物。你要努力让自己保持平静，成为他安全的港湾。如果他心中郁积着许多失望，这可能需要花 20 分钟或更长时间。但最终你会看到他打呵欠（这是身体放松下来的迹象）、安静和放松下来，变得温顺而可爱。你也会发现，他的脾气会好很多，不再暴跳如雷，要性子的次数越来越少。等到他年龄再大点，他通常会更加配合。你会看到，如果你能以正确引导代替隔离措施的话，你其实根本就不需要惩罚他。

祝你好运，请记得告诉我结果怎样！

劳拉博士

13

如何不关禁闭就改变孩子的行为?

劳拉博士:

　　我非常想知道,怎样让我 3 岁的儿子变得听话。现在每次发生对抗的时候,我都会让他独自坐在"顽童楼梯"上。除此之外还有其他方法吗?你能举些例子吗?

艾德丽安

亲爱的艾德丽安:

　　3 岁的孩子有时很难对付。不幸的是,关禁闭通常会形成对抗模式。幸好,即便是最难缠的 3 岁孩子,也可以通过更好的办法让他们变乖。管教意味着引导。如果从引导变成了报复,这就是惩罚。所有的惩罚措施都会让孩子感到愤怒,他们的心灵会因此变得坚硬无情,从而更不听话。相反,如果孩子觉得你在体谅他们,他们就会乐于好好表现,此时你便胜利在望。

　　但关禁闭是惩罚吗?是,绝对是。这和你小时候被罚站墙角并无不同。关禁闭意味着被遗弃,这让孩子在最需要你的时候,独自面对他们承受不了的那些情绪。这会让他们觉得自己是个坏孩子，他们因而更可能表现得像个坏孩子。惩罚不能帮助孩子控制自身情绪或行为（你不会当真认为，他坐在淘气楼梯上会考虑如何变乖吧？就像任何其他人那样，他在回顾自己为什么是对的，并在计划如何复仇）。

好吧，不要惩罚孩子。但怎样才能在不惩罚孩子的前提下管理他们的行为呢？

1. 教他用语言表达。他的坏行为背后是什么？不好的情绪！孩子们喜欢通过行动表达他们的情绪，因为他们不知道此外还能采取什么其他办法。要帮助他们辨别并控制那些困扰他们的情绪，以此来培养他们的情商：

> "你很生气，想要咬人！"
>
> "你在哭，你真的想再玩一会儿。"
>
> "你让妈妈闭嘴，因为你非常生气！"
>
> "你告诉我你没有吃饼干，但我看见你嘴里有巧克力；我觉得你是不敢告诉我真相。"

2. 在纠正孩子的行为之前与他建立联结，即便在引导的过程中，也要保持联结，以便让你儿子乐于好好表现。要记住，孩子们讨厌自己并与我们疏远的时候，他们就会有不好的行为。

> 蹲下来注视着他："你很生气，但不许咬人！"
>
> 将他抱起来："你希望你能够再玩一会儿，但现在该睡觉了。"
>
> 温柔地注视着他："你现在很难过。"
>
> 将手搭在他的肩膀上："你不敢告诉我饼干的事情。"

3. 要设置界限——但要带着爱心设限。当然，你需要执行规矩。但你也需要认可他的看法。当孩子觉得被理解的时候，他们就更乐于接受我们设置的界限。

　　"你非常非常聪明，但我们不能咬人。我们用嘴巴向哥哥讲出你的感受吧。"

　　"你想再玩一会儿，但现在该睡觉了。我知道这让你很伤心。"

　　"你不希望妈妈说不，但我的回答是不可以。我们不能叫对方'闭嘴'，但可以伤心和生气。"

　　"你感到害怕，但我们始终要彼此说实话。"

　　4. 将他的愿望表达出来。他觉得自己想咬他哥哥或继续玩，但不管怎样，他真正需要的是有人理解和爱他。需要有人关心他快乐与否。

　　"有时候你希望你哥哥走开，但有时候你又爱跟他玩。"

　　"等你长大以后，你肯定会玩个不停。你会整晚玩游戏，对吧？"

　　"我相信，你希望妈妈永远不会说'不'，永远只说'好''好''好'。"

　　"我知道你希望自己没有吃饼干。"

　　5. 帮助他平静下来。在陪伴他时采取积极介入教育法，全心关爱他，从而让他彻底地将情绪宣泄出来。你的目标是营造平静而包容的环境，让他放心地宣泄情绪。这种安全、关爱和接纳的氛围有助于孩子宣泄情绪，并学会自我安慰，从而最终能够学会控制自身的情绪。

　　6. 在孩子情绪爆发的时候不要试图给他讲道理。当肾上腺素以及其他攻击性或逃避性荷尔蒙支配我们的时候，我们是无法学习任何东西的。情绪爆发出来后，他会感到好受得多，跟你亲密得多，此时他就会敞开心扉，听你解释我们为什么不能叫别人"闭嘴"（因为这会伤害对方的感情）

或撒谎（因为这会切断彼此心灵之间的无形纽带）。

7. 消除惩罚孩子的冲动。你不需要通过惩罚来教导孩子。否则，我敢保证，他以后肯定会更爱撒谎，表现不好，言行粗鲁。他已经知道你希望他怎么做。现在你只需要帮助他控制情绪，以便他能够感到好受些，并表现得更好。

我知道，如果你长期以来都诉诸于关禁闭的管教方式，你可能觉得这些观点很陌生。但是，当你不再惩罚孩子以后，你很快就会看到，孩子的表现会有很大的进步。如果你能够与他保持联结，并带着爱心设置界限，孩子就会表现得非常优秀，因为他会乐于乖乖听话。

祝你好运，希望你能和孩子关系亲密。祝你们快乐！

劳拉博士

14

为什么最近孩子开始爱咬衣领和毯子?

亲爱的劳拉博士:

　　我的儿子刚满 3 岁,他最近开始咬衬衫衣领、夹克或毯子等手头的任何东西。这是怎么回事呢?和我们有了新的宝宝有关吗?怎样才能让他不再这样做呢?

3 岁男孩的妈妈

这是紧张时的习惯动作,我能理解你为何感到不安。但是,你肯定更愿意他咬衣领而不是指甲,而这两种情况都比打小孩子要好。所以我认为你最好认识到,他的这种行为表明他感到了若干焦虑并正在面对这种焦虑。

我的建议如下:

1. 给他弄个握力球,让他将咬东西的力气都装到球里面。

2. 反省自己的管教方法。要引导而不是惩罚,因为惩罚会让他更加焦虑。

3. 确保你儿子有大量时间与你单独相处,让他知道,尽管妈妈有了新宝宝,但他在你心里仍然占有特殊的位置。

4. 确保你儿子有机会表达他对小宝宝的所有矛盾情绪。给他读些有关小宝宝的书籍。你儿子对小宝宝的感情很矛盾，要确保他不会因为嫉妒而自责。

5. 确保你儿子能够通过大量的笑声释放焦虑情绪。陪他玩游戏，假装你非常非常需要他，你想抓住他，但你太笨拙，让他逃走了。或做其他任何游戏，让他笑出来。

6. 当你看到儿子咬衣领等东西的时候，认识到这表明他需要安慰。不要提起咬衣领的事，只要拥抱他并抱着他，或者和他玩亲吻游戏，吻遍他的全身。

祝你好运！

劳拉博士

15

为什么 4 岁半的孩子总是说些很消极的话?

劳拉博士:

我有个 4 岁半的女儿,她整体上来说很快乐,也很文静,没什么问题。然而,如果我问她在幼儿园过得怎样、她和伊娃玩得怎么样,或者她当天在幼儿园做了些什么事情,她总是会说些很消极的话。她会说:"没有人喜欢和我玩。"或者"哪有什么开心的事情呢?"她只会消极地看待事物,然而我知道她在所有这些地方玩得很开心,非常讨人喜欢。她为何会这样说呢?我要怎样引导她积极正面地看待事物呢?

谢谢!

困惑的母亲

很有可能你的女儿的确有些问题,因为当孩子成长到 4 岁时,他们往往会具备许多强烈的感受,例如同龄人之间的问题、受到排斥、无力感、死亡。你很幸运,她并没有因此大哭小闹,但她仍然需要通过某种方式将这些感受表达出来。要是你能给她机会,让她放心地倾诉她的焦虑,她可能会非常开心。在她发泄过情绪以后（"你想不到我的生活过得多么糟糕！"），她可能就会积极地看待事物，并和他人分享。

在你还没有体会她的情绪之前，不要试图引导她积极地看待事物。她对你说的话，在她看来是发自内心的：没有人喜欢和我玩耍。"哦，是吗？那会让人很不好受。怎么啦？"关注她的感受，她喜欢做的事情，以及这些事如何帮助她。如果事情顺利的话（"嗯，我去找詹妮，然后我俩就玩起来了"），你可以帮助她学会如何积极满足自己的需求，这会给予她力量。如果事情不太顺利（"没有，妈妈，没有人想和我玩耍……我自个儿在玩耍！"），你可以体谅她的感受："你会很孤单。但有时候自个儿玩耍也很有趣，你在玩什么呢？"问问她明天想做什么、她认为明天会发生什么事情。

我知道你担心她变得很消极，但我觉得，她在向你分享她的感受。你不必为此和她争论。你希望她认识到，人生会遇到挑战，这不要紧。在遇到挑战时，有人愿意聆听她，帮助她。

祝你好运！

劳拉博士

16

4 岁的孩子爱打人，怎么办?

劳拉博士:

你好!

我 4 岁的儿子欺负幼儿园的其他孩子，虽然老师很尽心地引导他的行为，但他还是继续打其他孩子，向他们寻衅滋事。当他在家里或教堂中碰到其他孩子时，他也会表现出同样的攻击性行为。

我们因为他干的坏事而将他关禁闭，不让他看太多电视，以便消除他的攻击性行为。

我们还能采取什么措施，让他不要打其他孩子呢? 我们都很绝望。

克里斯汀

克里斯汀:

很高兴你写信给我。4 岁孩子的攻击性行为可能完全是正常的，但你儿子也有可能需要接受专业的帮助。我无法根据你的来信做出判断，因此，我在提供建议时姑且认为你能处理这件事情。但是，如果你在几个月以内看不到任何成效，你应该考虑带儿子去做个专业评估。

现在，我们假定这是一个开始恐吓和殴打其他孩子的正常 4 岁孩子。我经常听 4 岁孩子的妈妈们说他们的孩子开始打人，有些专家甚至将其称为"愤怒阶段"。4 岁孩子往往都到了很难管教的年纪，他们想要更多的控制权，当他们觉得别人不尊重他们的时候，他们就会生气。对于这个年龄的孩子，关键是让他们认识到，愤怒感是正常的人类情感，但我们可以采取尊重他人的友好方式来化解冲突。

根据我的经验来看，打人往往是因为被压抑的恐惧感超过了孩子们天生的同理心。大多数打人的孩子都有强烈的情绪，他们常常极其敏感。

那么，你和他爸爸应该怎么办呢？

首先你需要认识到，每逢你利用武力来教育儿子时，你就恰恰教他学习你想要消除的这些行为。这不是说，你不需要确定界限。当然必须确定界限。但你在确定界限时要体谅他的感受，尽量防止他做坏事，从而尽量让他不要讨厌自己。任何惩罚措施（包括关禁闭）都会适得其反，让他变得更愤怒，并让他误以为，强者能够摆布弱者。他真正需要的是大量的爱、父母怀着体贴所确定的界限，以及大量逗他欢笑的身体游戏，这样，他就能消除打人行为背后的恐惧感。

我的建议如下：

1. 与儿子所在学校的老师讨论这件事情。向老师了解哪些情况会惹怒你的儿子。他是在吃午饭以前感到饥饿时打人的吗？是觉得其他孩子在挤他吗？是你早晨刚刚送他上学以后感到难过吗？言语中尽量要肯定他。换句话说，你可以说"他在学习克制自己的脾气"，而不是说"他是个小霸王"。

2. 你自己花些时间，列出你儿子的所有优点。换个角度来看，我们的弱点往往就是我们的优点。我敢保证，你的儿子精力充沛、领导能力强并充满热情。你需要认识到他的所有这些优点，从而在心中对他保持良好的印象。每天都要提醒自己和儿子，你有多么爱他。作为父母，你有义务认为你的孩子在茁壮成长。

3. 只有在你儿子对自己感到满意，并对他与你，以及他爸爸的关系感到满意时，他才不会再打其他孩子。如果他觉得自己在家中受到不公正的摆布，他就会在学校中摆布其他孩子。相反，如果他觉得你们对他充满关爱和体贴，他就更可能对其他孩子充满关爱和体贴。因此，你能做的最重要的事情，就是好好陪伴他并肯定他。要确保你们夫妻俩每人每天都有单独陪伴他的开心时光，在这段时光里，你们可以悠闲地玩耍，并由他带头。可以玩火车游戏或读故事书。要让他做主。你要享受与他相处的时光，给他的"父爱母爱银行账户"上充值。

4. 确保他每天都能笑个够。喜欢打人的孩子往往心中积压着许多恐惧。因此，不妨和他摔跤，进行枕头大战，假扮成可怕的怪物并追赶他，然后不小心跌倒——任何能够逗他发笑的身体游戏都行，但挠痒痒除外（这不能消除焦虑感）。

5. 不再惩罚他或关禁闭。当我们惩罚孩子时，他们会讨厌自己，做更多坏事。他们的行为越糟糕，他们就越需要我们的关爱和体贴。消除你们与儿子之间的任何对抗。尽量让他能够自主选择自己的生活，以免让他觉得事事受人摆布，告诉他："我们要像个团队那样，帮助你学会管理自己的情绪。你才 4 岁，这并不容易。但你越练习，它就会越容易。很快你就能学会自律。我非常欣赏你的努力。"

6. 确定必要的界限，以此来取代关禁闭的做法，当他讨厌这些界限时要体谅他。例如他在教堂捣乱，你就要说："现在我们必须离开教堂，因为你打了别的孩子。你很生气和难过，我很抱歉，但你打人我们就不能待在这里。"当他到家以后需要关他禁闭吗？不需要，离开现场并不是在惩罚他的打人行为。这是界限：打人时我们就不能在那里玩。

你应该教他学会表达自己的情绪，并教他下次怎样克服这些情绪。你可以问他发生了什么事。当他表达的时候，你要用合适的字眼来描述他的感受："其他孩子不想按照你的方式来玩游戏，所以你很生气。这很令人泄气。生气没事儿，每个人有时候都会生气，但我们绝不打人。你非常生气时可以做些别的事情吗？"和他讨论各种可行做法，让他提出打其他孩子之类的"错误做法"，然后问他："这是正确的做法吗？不是。"你可以笑着说。要让他清楚地知道，尽管他可以产生任何情绪，他可以自主选择如何面对这些情绪，因此他要对自己的选择负责。向他解释，他需要承认自己很生气，并需要采取明智的做法来消除怒气。

如果在讨论过程中，你的儿子开始哭泣，这也很好。他在向你表明他打人背后的情感诱因。在感受到这些情绪以后，它们很快就会消失，他就不必再打人了。因此，你的目标是在他想哭时为他营造足够的安全感。

7. 帮助他想出宣泄沮丧感的安全办法。或许可以在他口袋里装上握力球，让他生气时就玩这个球；或许可以让他在感到沮丧时自个儿走开，做10 次深呼吸静心（用鼻子深深吸气，然后屏息片刻，两唇微张，缓缓呼气）；或许可以让他转身离开别人，打空气；或许可以让他做俯卧撑。关键是要在他心情很好时教他这些方法，然后在他生气时提醒他，也务必要将这些方法告诉他的老师。你会惊讶地发现，他以后会在心情紧张时尝试这些方法。

8. 在他和其他孩子玩耍之前，事先提醒他要守规矩，就更可能会平安无事。提醒他：

"当我们到达教堂以后，你和其他孩子都不能独占玩具。如果你生气的话，你可以向老师求助，或过来找我，我会帮你的，好吗？"

"如果你忘记了，动手打人，我们就不能再玩了，就得马上离开。因此要记住，千万不能动手打人，要和其他孩子开开心心地玩耍，好吗？"

"你带着握力球吗？我非常期望在我来接你的时候，听到说你很好地克制了自己的情绪。你这么努力地克制自己的情绪，我非常以你为荣。"

9. 由于你儿子已经养成了某些坏习惯，因此你需要安排他和某个孩子单独玩两人游戏，以便"重新改造"他。你的目标是监督他，预防任何肢体冲突，教他采用其他办法来化解怒气。这就是说，你不应和其他妈妈聊太多，避免分散注意力。在孩子们玩耍时你要坐在他们身旁。这样，他想动手打人的时候你就能察觉出来，并可以及时干预："你非常想玩翻斗车。戴隆现在在玩它。我们不能打人，君子动口不动手。"

帮他想对策，让他学会如何与其他孩子谈判。"你俩都想玩翻斗车。戴隆现在在玩它，很快就会轮到你玩。你觉得我们可以用铲雪车和戴隆交换吗？"然后，向他示范如何与戴隆谈判。如果戴隆不想交换，要体谅你儿子的失望情绪，积极地肯定他没有打人，然后安慰他说，耐心等待是值得的，而且你会帮他，"你喜欢那辆车。看到别人玩它让人很难受。我保证很快就会轮到你玩。我知道你非常想玩它。我会帮你耐心等待。"如果他哭闹，那就不断安慰并体谅他，直到轮到他玩时为止。

10. 你担心在孩子失望时安慰他会纵容他吗？这不是纵容。显然，如果我们忽视他对翻斗车的强烈渴望，这不会消除他的情绪，反而更可能促使他采用激烈手段，为翻斗车动手打人。如果你接纳他的强烈情绪，他就不会极力耍性子了。通过体谅他的感受，你就在帮他培养体贴能力。你可能会发现，在他哭闹并得到你的安慰以后，他会轻松得多，对其他孩子也不那么凶了。他甚至可能也不会那么执着于翻斗车了。

11. 如果你已竭尽全力，他仍然打别的孩子，抢走翻斗车，此时，你需要做深呼吸并保持镇静。首先，要安慰另外那个孩子。在那个孩子安静下来以后，抱着你的儿子说："你肯定非常生气，所以才动手打人。但打人很疼。现在我们必须停止游戏。"将他抱起来（动作不要粗暴，只要像平常那样即可），并抱着他向被打的孩子道歉："他非常后悔打了你。他当时很生气，忘记了动口好好说。期望你现在好受点。我们要去安静下来，翻斗车给你。"只有在这种时候，我才建议家长夺下孩子手中的玩具。你在这样做时，态度尽量要温柔而体贴。你不是他的对头，像自然法则般不可破坏的规矩才是他的对头：如果你打人，你就必须停止游戏。然后带着他离开玩具室，进入其他房间。

如果他开始要性子，在他哭闹时抱着他。如果他没有要性子，那就帮助他处理刚才的事情。要体谅他的感受，提醒他，他能管理自己的情绪。在让他和那个孩子重新玩耍之前，让他向你承诺不再打人。如果他再次动手打人，你就结束游戏时间，给另外那个孩子的妈妈打电话，告诉她你很抱歉。

12. 在各方面保持不断进步，包括在他几乎无法克制自己的时候。"你想玩翻斗车，你可以好好给我说。要管住自己的双手！你以前用过握力球！做过深呼吸！你肯定为自己感到非常自豪！现在我们看看，戴隆是否会很快让你玩。我会帮你耐心等到轮到你玩为止。"

13. 在你设法消除儿子的愤怒之时，要做好他会大哭大闹的思想准备。有时候孩子打人是因为他们承受不了心中的悲伤和愤怒，而我们又不允许他们将这些情绪表达出来。你的任务是教他学会表达情绪。如果他想哭，这不要紧，抱着他并体谅他："你感到非常伤心，想要哭泣。"不必让他弄清楚他哭泣的原因，你的目标是让他将情绪发泄出来，而不是鼓励他振作起来。如果他非常生气，不肯让你抱，那就让他在地上打滚，但你要待在他身旁，不要试图给他讲道理，只要说："我知道你很生气和难过。等到你乐意的时候，可以到这里来让我抱抱。"

14. 完全戒掉电视。最近的重要研究发现，4 岁以下的孩子每看 1 个小时的电视，欺负他人的可能性就会增加 9%。戒掉电视以后，可以让他在放学以后充分呼吸新鲜空气并锻炼身体，多抱抱他并给他讲故事，并让他尽早睡觉。这种作息安排会让每个孩子变得更加自律。许多孩子在放学以后都需要在户外玩耍几个小时。

另外，听上去很荒唐，但我的确见到过对某些食物过敏的孩子在戒掉这些食物以后，他们的性格发生了惊人的变化。

我知道，我所谈到的事情目前似乎像个全职工作。我觉得你的儿子正处于转折点，他正在告诉你这一点。如果你能全身心关注他的健康，你就能重新引导他，让他拥有美好的未来。他非常需要你的帮助，现在，你需要让他知道你会帮他。

祝好！

劳拉博士

17

贼大胆的孩子经常"制造惊险"，我该怎么办？

劳拉博士：

我4岁的孩子极其热情和固执，对人非常友好。她丝毫不怕跑进人群当中，她会接近和拥抱完全素不相识的人。我不知道如何正确地教导她与陌生人打交道，让她意识到离开我的视野会很危险。

今天她跟爷爷在外面玩时，我几乎要急出心脏病来了。当时爷爷在洗车，我听到他惊慌地再三呼唤她。我们至少有15分钟不知道她去哪里了！

我们外出时她会待在我身边，但她仍然会挑战极限。她曾经赶在我们前面走到前门，伸出双臂拥抱上门的推销员！我是个很警觉的家长，始终都会盯着她，但当其他家人带她外出时，她就会趁机溜走，我不知道怎样才能让她具有安全意识。

祝好！

一位担心的母亲

我能够理解这为何让你很抓狂。我会同时努力做以下三件事情：

1.和她严肃地讨论危险。跟她说有可能会被车撞到或遇到坏人。大多数人都很善良，但有些人内心很受伤，因此会做些坏事，甚至包括伤害其他人。她肯定已经知道这点，如果不知道的话，现在可以教她。因此，她需要始终待在可靠的成人身边。这意味着不管发生事，都不要跑出他们的视野之外。

2.针对这个问题和她玩游戏并逗她发笑。在安全的地方玩追赶游戏和捉迷藏游戏，在她跑走以后装出伤心欲绝的样子，逗她发笑（显然不应该追上她，除非这能让她笑得更开心）。这会满足她的需求（至少在部分程度上如此），也能帮助她将焦虑感显露出来，并通过笑声化解掉。如果她这样做是因为这给予了她美妙的快乐和自由，那么，追赶游戏也能给予她这些东西。

3.消除你自身的问题。如果孩子知道某些事会让父母生气而明知故犯，这通常是因为亲子关系出了问题。因此，问题可能在于控制权。你有让她充分管理自己的生活吗？或者，问题也许与你本人的焦虑感有关。例如，她拥抱推销员的做法无疑让你感到生气，但你就在她身旁，她不会遇到危险，因此，你可能反应过度了。或者，如果你的女儿觉得奔跑能给予她力量感，她可能也会这样做，以便体验这种兴奋感。如果你肯留意自身的恐惧，并提醒自己认识到女儿大多数时候其实并不会遇到危险，我敢保证，她的行为会发生变化。

祝你好运，也请告诉我进展如何！

劳拉博士

18

孩子撒谎，我应该怎么应对？

亲爱的劳拉博士：

当 4 岁的孩子对你撒谎的时候，你会怎么做？

4 岁孩子的妈妈

对于 4 岁的孩子来说，撒谎是个正常的成长阶段。这在受过惩罚的孩子中更是常见得多，因为他们会为了逃避惩罚而撒谎。但即便是没有受到惩罚的孩子，也不想让我们失望，而同时他们又非常想要满足自己的愿望，他们希望鱼与熊掌可以兼得。所以当我们问他们"你洗手了吗"，他们会回答"洗过了"。

你能怎么做呢？

1. 不要问他们，要告诉他们事实（我看见你的手是干的）。

2. 认同他们的愿望（我知道你希望你洗过手了）。

3. 坚持你的界限（我知道你希望你已经洗过手了，但你的手还是干的。我们去把细菌洗掉吧！）。

劳拉博士

亲爱的劳拉博士：

当孩子的谎言完全与愿望无关的时候，怎么办呢？我 2 岁半的女儿（说实话，她真的很会"演戏"）会告诉我，她哪里疼或者受了小伤，但我知道事实上她最近根本不可能受伤。她现在常常说，她眼睛里有什么东西，每天她眼睛里大概会钻进 10 次什么东西。每次我都试着关心她，照顾她的各种需求，但我快要失去耐心了。

萨拉

萨拉：

你现在做得非常棒：当她说哪里疼痛时，总是会关心和爱她。你女儿并没有撒谎，她在告诉你她受伤了，或许的确有东西把她的眼睛弄痛了，比如睫毛摩擦眼睛，或肥皂水溅入眼睛，或者她对某种烟雾敏感。

也可能原因并不明显，她表达不出来。可能是因为她太小，太需要你的照顾，而这让她感到害怕。她只能要你再三证明，在她受伤的时候，你真的关心她，真的会来帮助和保护她，除此之外，她还能够通过何种方式表达她的需要呢？

2 岁大的孩子有着强烈的情绪，因为他们在广阔而可怕的世界面前显得非常渺小。他们的额叶还不足以控制这些情绪，但每次我们安抚他们的痛苦时（即便我们无法证明这种痛苦客观上真的存在），我们的孩子就会建立自我安慰的神经通路。所以，"过度反应"是正常的成长反应。

无论我们觉察与否，我们的所思所想都会通过我们的行为和语气体现出来。如果你能敞开心扉，承认你女儿是在向你表达她的痛苦（即便这种痛苦与当下的小伤无关），结果会怎么样？或许，如果你在接下来的一

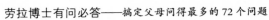

周里充分体谅她的感受，而不认为她是在演戏，她就会觉得你已经完全"倾听了"她的痛苦，从而感到心满意足。

祝你好运！

劳拉博士

19

孩子不肯和别人分享玩具，怎么办?

劳拉博士:

　　我 4 岁的女儿不肯和别人分享玩具。我要怎样帮助她呢?

4 岁孩子的母亲

　　施比受要好，但前提是我们觉得自己很富足。不能通过训斥来教导孩子认识到这点，只能通过体验。所有的孩子都很难与人分享，对他们来说，分享意味着被迫放弃某种东西。我们的目标是改变他们的这种感受，让他们开始发现分享的美好之处: 当我们让别人感到开心时，我们自己也会很愉快。

　　因此，我不会强迫孩子分享玩具。相反，要告诉他们轮流玩的概念。通常来说，最好是让孩子们轮流玩，每个人想玩多久就玩多久，而不是让孩子玩几分钟以后就迫使他们交出玩具。因此，你可以对女儿说:"当你玩过那个玩具以后，你愿意给伊莎贝拉玩吗? 好，谢谢!"

　　这是解决问题的秘诀吗? 实际上，与我们仅仅袖手旁观相比，这会教孩子们变得更大方，心中满怀着善意。因为当我们让孩子想玩多久就玩多久，而不强迫他们分享玩具时，他们玩够了以后就会将玩具给其他孩子。自然而然，这会让他们变得更大方。

我知道，这个规则很不寻常，但其他做法又怎样呢？当我觉得孩子玩够了玩具的时候，就从他们手中夺走吗？这只能教他们学会攫取，让他们更担心，更想要保护好自己的东西，因此更不愿意分享。而这个规则有利于让孩子们感到，他们可以玩到心满意足为止，而不必担心失去它。根据我的经验来看，采用这种方式养大的孩子往往更愿意与他人分享。

这会让只能在旁边干等的其他孩子感到难受吗？当然会！因此，这需要家长介入进来，帮助其他孩子耐心等待。这可能意味着帮助别的孩子找其他事情做。或者，如果孩子们"非常"想要别人手中的玩具，那就帮助这个在旁边等待的孩子，让他们通过哭泣来发泄他们对那个玩具的强烈渴望。等到哭过以后，这个孩子会好受得多。当孩子们为他们非常想要的东西哭完以后，他们甚至都不会再关心那个东西。他们强烈的渴望其实与那个玩具无关，而哭泣能帮助他们感受到那种渴望并消除它。因此，在他们想玩某个玩具时教他们学会等待，即便他们等了整整一天，也是对孩子们有好处的。而且，由于想玩多久就玩多久的规矩适用于每个孩子，那个等待的孩子也会从中受益，可以将那个玩具玩到心满意足为止。

当然，轮流玩的规矩有时由不得你来做主。如果你的女儿遇到必须分享而她又非常不愿意分享的情况（比如在学校里），这就表明某些强烈的情绪促使她死死护着某些东西。可以采取两种方法来克服这个问题：笑声和哭声。

我首先会和她玩大量与分享有关的游戏。你可以在游戏中请求她分享，要表演得很可笑，让她可以任性地拒绝你，然后你可以抱怨说，从来就没有人和你分享（要表现得很可笑，而不是很可怜——你的目标是逗她发笑）。也可以在游戏中假装你"不得不"和她分享某些东西，但你表示担忧说："但这是我的意大利面条，它是我做的，我真的必须让你和爸爸也享用它吗？！"你需要表现得很可笑并逗她发笑。

当她围绕分享这个问题笑够了以后，在你觉得自己能够在她生气时仍然真心爱她的时候，诱导她崩溃大哭。因此，如果你知道她会碰到某个小伙伴而她又不愿意与对方分享玩具，你可以事先告诉她，让她知道你了解这让她很难受，但规矩就是她必须轮流和别人玩玩具。有可能她会对这种做法感到生气，但你可以体谅她并帮助她。这样，她就不会那么顽固地认为自己还不"富足"。

　　我觉得，在你陪她玩耍并诱导她崩溃大哭以后，你会看到，她和其他孩子玩耍时的表现会立刻发生巨大的变化。

　　祝你好运！

劳拉博士

20

坏习惯，还是压力？

亲爱的劳拉博士：

　　家长如何才能知道，孩子的行为是坏习惯或调皮捣蛋，还是表明他们有压力需要家长关心呢？例如，咬指甲是坏习惯，还是表明有压力呢？

朱莉

亲爱的朱莉：

　　每个孩子都会经常感到紧张，想想他们每天要面对多少挫折和失败！孩子们每天都会觉得自己随时在受他人的摆布，需要处理令人紧张的新情况。没关系，如果他们心中有力量，他们就能够战胜所有的压力，顺利地成长、学习，并培养出自主能力。孩子的韧性就是这样养成的。

　　遗憾的是，我们通常想当然地认为某些行为，例如发脾气、对抗、睡眠问题、咬指甲和攻击性的游戏在当时那个年龄段是正常的，但它们其实表明孩子需要他人帮助他们来应对日常压力或者某件具体的事情。这些事件表明孩子存在问题吗？是的。通常这个问题可以轻易解决，但它们始终表明孩子需要帮助。如果孩子没有压力，他们就会非常快乐、听话，并能够应付成长过程中的常见挑战。

有时候，健康的孩子会采取不健康的方式（比如咬指甲）来应对压力，而即便在压力消除以后，这种不健康的习惯也很难消除。正是因此，提前预防压力始终比事后补救要好。

帮助孩子应对压力的最好方式包括：

● 确保孩子获得了充足的睡眠和休息时间，以便他们有内在力量来应对日常压力。

● 确保孩子不必同时面对太多新事物。不要在弟弟妹妹出生的同时送他入学。

● 确保孩子与父母有足够的交流时间。否则，孩子就没有内心力量来勇敢地面对该年龄阶段所有的成长挑战。

● 关心孩子的情绪，让孩子将压力释放出来。

我们都知道，当有人理解我们的时候，我们的眼泪就会夺眶而出，在尽情哭泣过之后，我们会感到好受些。孩子们不会告诉你这个星期他们过得不开心，他们只会通过行为表达出来。当孩子表现出行为问题的时候，我们要意识到，他们是在求助。此时，我们不能严厉地惩罚他们，相反，我们要帮助他们释放压抑在心里的沮丧和压力：

● 走过去温柔地限制他们的不好行为（不，我们不能扔玩具）。

● 在孩子哭泣的时候抱着他，或者在他生气的时候待在他附近。

● 接纳他的悲伤和愤怒情绪，并告诉他，他可以消除掉这些情绪。

● 搂抱片刻，以便重新建立联结，并再次告诉他你爱他。

劳拉博士

21

如何应对5岁孩子的攻击行为?

亲爱的劳拉博士:

　　我5岁的女儿发脾气的时候会尖叫,并想要打我,这让我很纠结。前几天她午睡醒来的时候还很好,但当我告诉她,我妈妈在睡觉,不能立刻去看她的时候,她就大发脾气。我说我知道她很生气很伤心(对此,她在某个时候回答说她不伤心),我不会离开她,但我也不愿意让她打我。之后,事情往往会变得有点像摔跤比赛,即便我稍稍后退,她仍然想要抓我,所以我开始保护自己,抓住她的手脚。她将我的眼镜从脸上打掉了,试图将它摔成两半。幸好,眼镜是塑料的,我在她得逞之前抢了回来。最终(可能15分钟以后),我妈妈从房间里出来,试图转移她的注意力。当我女儿看到我妈妈来了,她就马上跳到我怀里,不再打我,开始哭泣。她可能害怕我妈妈会把她从我怀里拽开(我妈妈和我丈夫常常为了保护我而这样做)。她不停地哭泣,后来平静下来,想要吃零食,然后在晚上剩下的时间都很乖。我怎样才能避免这种冲突呢,还是说它们事实上是好事呢?

　　　　　　　　　　　　　　　　　　　　　　一个5岁女孩的妈妈

孩子的攻击行为（所有哺乳动物可能都是如此）与恐惧感有关。5岁的孩子有各种恐惧，其中大多数是她无法用语言表述出来的。她可能看起来不害怕，但我认为，她的攻击行为背后隐藏着恐惧。有趣的是，她最后跳进你的怀抱开始哭泣，然后整晚都很乖。我认为，只要她最终哭出来，你们之间的冲突很可能对她有好处。她在抗拒那些悲伤或恐惧情绪（"我不伤心！"），并以愤怒来抵御它们。孩子们往往需要这样做。但他们真正需要的是哭泣，这能够消除他们的恐惧。

此外，我认为家长得记住，当孩子们感到与父母失去联结时，他们就会表现出这样的攻击行为。因此，专家们要求父母离开房间的建议其实具有误导性。她跟着你，想要攻击你，部分原因是因为她想要重新跟你建立联结（据我所知，这是个非常有趣的表达方式）。之后，她会感到非常安全，放心地哭出来，释放出攻击行为背后的恐惧。

所有的孩子某个时候都会觉得与父母失去了联结，这并不意味着你的育儿方式出了什么问题。有时候，如果你能够消除她的隔离感，给她温暖，她就会马上停止发脾气，转而哭泣起来。但如果你女儿性情刚烈（我认为这不是坏事），就更难让她触及她的悲伤情绪。在大多数情况下，她首先需要和你作对，至少目前是这样。但是，我认为随着时间的推移，她会习惯于消除她对你的感受，这种情况因此会越来越少。

我对你的建议如下：

1. 当她开始生气的时候，马上认可她的愤怒情绪（"你非常生气！"）。

2. 如果可能的话，要抱着她，但是不要让她打你。将你的眼镜放在较高的安全的地方。告诉她"我不喜欢你的牙齿靠我这么近"，或者"你挠得我很疼。你可以生气，但不能挠我"。如果她想和你纠缠，只要你能够应付，就完全没事。我觉得那可能有点难。要记住，推撞我们可能真的对孩子有好处。

3. 如果你无法抱住她，没事，只要不停地对她说话，让她感受到你们之间的联结就行了。尽量保持眼神接触。由于眼神接触可能会让她更加接近她的恐惧（悲伤），她可能会避开你的目光。要不停地告诉她，有你在身边，她是安全的，你会始终陪着她战胜这些恐惧和愤怒的情绪。

4. 她很可能会崩溃哭泣，此时要抱着她。当父母这样面对孩子的不安时，孩子会排遣掉积压在心头并导致他们大发脾气的恐惧和悲伤。随着时间的推移，孩子会越来越少地发脾气，不再那么具有攻击性。孩子也会对父母更加放心，因为他们知道，父母会面对他们的不安情绪，所以当他们感到与父母失去联结时，也就更容易重新建立联系了。

希望这对你有用。

劳拉博士

22

如何帮助孩子过渡到日托中心，
减少她的分离焦虑？

亲爱的劳拉博士：

　　我有个 15 个月大的女儿，我在家带她并在家工作。随着她对越来越多的东西感兴趣，我很难完成任何工作。此外，她变得非常依恋我，我无法将她撂给任何其他的人。因此，我觉得每周让她到朋友开办的日托中心待 1–2 天是个不错的主意。有了这个机会以后，我就可以完成某些工作，或出门跑跑腿。而她也有机会和其他的小朋友玩耍，从而也能认识到，即便我不时时刻刻待在她视线之内，她也没事。

　　问题是，无论我什么时候离开，她都会至少哭上 20 分钟。在她大哭大叫的时候从她身边走开，我感到特别难过。我明白，分离焦虑症在这个阶段是正常的，但最有效的应付方法是怎样的呢？

吉尔

亲爱的吉尔：

我对你的遭遇感同身受。这是 15 个月大的安全依恋型孩子的正常反应，她觉得与母亲分离会危及她的生活，因此不肯离开你身边。假以时日，你的女儿就会明白，你离开以后还会回来，但她目前还不能明白这一点。

你是对的，带着幼儿很难完成任何工作，而且，让你女儿有时间和其他孩子玩耍是很好的事情。如果可能的话，上策就是在那段时间带她到游乐场，让她在有你在场的情况下与其他孩子玩耍。但我们很多人必须工作，需要将我们年幼的孩子放在日托中心。

中策就是，让她上午"上学"3 个小时，而不是全天上学。整天与母亲分离对小宝宝来说是一件非常困难的事情。研究表明，整天待在日托中心的幼儿与下午回家的幼儿相比，前者的压力荷尔蒙水平在下午更高。

我自己的观点是，小孩子需要尽量待在父母身边，因为照料者还需要照顾其他的孩子，很难充分满足他们的需求。但如果你对照料者有信心，你可以帮助你女儿度过这个艰难的阶段，让她拥有良好的集体生活经验。

你可以按照以下要点去做：

1. 帮助孩子与照料者建立紧密的联系。为了让孩子在你离开的时候克服不安情绪，唯一的办法是帮助她与照顾者之间建立良好的关系。她仍然会在你离开的时候发出抗议，但如果她喜欢的照料者能够安抚她，她就会停止抗议。如果她持续不停地哭 20 分钟，就表示她不愿意接受这个陌生人的安抚。

如何促使他们建立良好的关系呢？首先，让孩子当着你的面与照料者愉快地相处。其次，要让你自己与照料者相处得很融洽。第三，让照料者抱着你的孩子拍张合影照，然后将照片贴在冰箱上，经常热心地对它说话，例如："海伦，你看我女儿，她知道怎样洗手了，太棒了！"

2. 帮助她适应这个新环境。开始上日托之前，花几个下午带着女儿在日托中心转转，以便让她熟悉环境。要帮助她与其他孩子建立亲密的联系，尤其是与你的朋友的孩子。在她专注于某件事情时，试着走开，待在附近旁观情况。

3. **起初只分离很短时间。**在她适应了这个新环境并与照料者培养出了感情之后，试着离开很短的时间。你可以和她道别，离开，然后等她停止哭泣的时候再回来。通过短暂地分离，你的女儿会更快地明白，你始终会回来的。随着你逐渐延长离开的时间，她会逐渐习惯于分离。但不要在她仍在哭泣的时候返回，否则她会认为，哭泣能让你回来，那样她就很难放弃那种策略了！

4. **培养例行的离别仪式。**比如，总是给她读一个故事，然后拥抱她，并告诉她你爱她以及你什么时候回来接她，然后将她放在照料者的怀里，然后说标准的告别用语："我爱你，你也爱我，好好玩，我 3 点来接你！"每天操练这些步骤，不要延长或缩短，这有助于你的女儿清楚地知道，接下来会发生什么。

5. **给她留下某件具有安慰性质的物件。**如果你能将你的某样东西给她，比如你的手帕，她自己或许就能用这件东西来安慰自己。很多人建议将某件心爱之物给孩子，这些当然有用，但对于安全依恋型的孩子来说，当父母不在场时，这些东西只能起到微乎其微的抚慰作用。

6. **帮助小孩子理解发生了什么。**她的语言能力有限，但她的理解能力仍然超乎你的想象。不要单单告诉她你会离开，而是要不停地描述她将会有多快乐："首先我会给你读一个故事，然后海伦会抱着你。我会说'再见鳄鱼！'然后我会离开，和你挥手拜拜，你、海伦和你的小可爱会从窗子里向我挥手。然后你和海伦会伴随着你喜欢的音乐跳舞。你可能会有点伤心，但音乐和跳舞会让你感觉好受点。然后所有的孩子会一起吃饭。你们会在室外玩耍，在你们吃完小零食以后，我会回来接你。妈妈总是会回来的。"

7. **不要试图偷偷溜走。**长期这样做，会让孩子更加害怕分离。当她大哭的时候，要平静地对她说："我知道你不想我走，但你吃完午饭我马上就会回来。我会从外面向你挥手拜拜。海伦会把你带到窗子那里，向我挥手拜拜。"然后你就离开。千万不要跑回去抱哭叫的孩子。她可能会在几个星期之后才会和你挥手道别，但你要始终坚持和她挥手道别。要隐藏起你自己的失落感，要传递出一切顺利的信息。

8. 提前和照料者讨论如何安抚你的女儿，以及如何分散她的注意力。有些孩子看见流水就会平静下来，有的则需要不断地到窗口看吃食的鸟儿，或者在照料者的怀里听着特定的音乐跳舞。或者，有某个特殊的玩具是你女儿特别喜欢的（甚至你可以从家里带来玩具仅供她在日托中心玩耍）。你得确保照料者会不断地努力，直到最终找到能够分散你女儿注意力的某种东西，而且她会抱着你的女儿，直到她平静下来为止。在你离开期间，每当你女儿需要拥抱时，她也会这样做。如果她能够让其他孩子做你女儿喜欢的某项有趣的活动，这或许能大大缩短你女儿哭闹的时间。

9. 接孩子不要迟到。如果她吃完午饭，你还没有如约去接她，这就会让事情在将来变得更加困难，孩子会在以后的很长时间里都觉得你有时候不遵守约定。

10. 帮助你的女儿明白人们离开了还会回来。可以和她玩躲躲猫游戏，或者把她心爱的东西藏起来再找回。"你的小可爱是不是在床下面？不，不在床下面。你的小可爱是不是在浴帘后面？哈，你的小可爱就在那里！"或者玩捉迷藏（当然要躲在她能够轻易找到你的地方）。

11. 制作一本"很多人爱我书"。制作一本儿童相册，里面有你女儿喜欢的所有人抱着她的照片：你、她的爸爸、她的祖父母、她的照料者、叔叔阿姨，再添加上她的表兄妹和朋友。经常读这本书，让她习惯于让照料者当着你的面读给她听。在孩子们想念父母的时候，读这种书能够很好地安抚孩子。

你的女儿终将战胜分离焦虑症。如果你在陪伴她的时候，能够给予她大量的爱和关注，这将对她大有帮助。

希望我的建议有用，祝你好运！

劳拉博士

23

孩子不听幼儿园老师的话怎么办?

亲爱的劳拉博士:

　　我的问题与上学有关。我女儿4岁,刚刚开始上幼儿园。老师反映,她是个"自由分子",有时候似乎不听老师的招呼。我知道,在别人首次要求她做某事的时候,她往往不会去做,但我也知道她是个好孩子,心地善良。所以,我们采用印花表格,通过奖励措施来促使她听老师的话。只有这种方法才对她管用,因为批评她似乎只会让她的行为变本加厉,让她生气和沮丧。

　　你有什么建议吗?

凯蒂

亲爱的凯蒂:

　　你女儿有时不听老师的吩咐,你对此采取的做法是对的,采取负面措施会让你女儿不开心,让她更加不愿意合作。你似乎已经对你女儿形成了这种预期,即她应该对老师的要求迅速做出反应,因此,她知道自己需要做什么。我们来看看她身上发生了什么事情,导致她不能这样做。

首先，你女儿刚开始上学前班。很可能，她觉得有点茫然无措。她离开了家，离开了父母，幼儿园对于她的行为有新的要求，此外还有蛮横的同伴、嘈杂的噪声、各种各样的书籍、玩具，以及各种刺激……孩子们对于这种新体验会有不同的反应：有些孩子安静内敛，有些孩子则会过度兴奋，有些孩子不肯离开父母；还有些孩子在幼儿园里表现得很好，但回到家以后就会崩溃；有些孩子会尿裤子或者在夜里尿床，有的会推搡、殴打和咬其他孩子，还有些孩子会"充耳不闻"。

你女儿之所以对老师的吩咐充耳不闻，并拒绝配合行动，很可能是为了减少她自身的压力。当她更适应课堂以后，她就会更多地回应老师的吩咐，尤其是如果老师能够避免和她形成对抗的话。因此，在如何帮助她迅速积极地做出转变这个问题上，我们可以得出三个结论：

1. 帮助你女儿与老师建立良好的关系。这是让孩子在幼儿园听话的捷径。和老师谈谈这件事情。有经验的老师知道，需要让孩子在情感上依恋自己，并会想办法给予孩子额外的关注。

你也可以帮助你女儿完成这个过程。任何关系在很大程度上都取决于当事人的态度，所以无论她的老师是怎样的人，都要帮助你女儿培养对老师的亲近感和爱心。和你女儿谈起她的老师，让老师融入她的生活。

"我很肯定，如果我们把你最喜欢的书带到幼儿园，威廉女士肯定会读……她今天告诉我，你很用功地完成了那个项目……她很喜欢这张画……你愿意把这个漂亮的红苹果带给她吗？"

给孩子和老师拍摄合影并贴在冰箱上，然后温柔地对着照片说：

"威廉女士，你想象不到我女儿多么会打扫卫生……你和我女儿一样爱吃意大利面吗？有你这个老师，我们觉得非常幸运，我们喜欢教室里各种各样的玩具和书！"

如果你女儿随时都能看到老师的照片，她就会觉得老师在她的生活中很重要，这样她就会更听老师的话。要注意，威廉老师是个怎么样的人其实并不要紧。你女儿会觉得与她的感情越来越深厚，从而越来越喜欢待在幼儿园里。培养你女儿对老师的喜爱之情，也有助于老师更耐心地对待你的女儿。

　　2. 和老师共同帮助女儿学会适应变化。假定你女儿在幼儿园正在做某件事情，老师打断了她让她做另外的事，当然她会很难改变方向。大多数孩子，尤其那些所谓的"固执"的孩子，都很难适应各种变化。

　　在家里的时候，要留意哪些因素有助于让你女儿适应变化。提前两分钟提醒她，在提出要求的时候摸摸她，或看着她的眼睛。

　　然后和老师共同制定既适合你女儿又不让老师觉得麻烦的方法，也许如果老师将手放在你女儿的手臂上，并看着她的眼睛，她就会"听见"她的要求；也许你女儿需要老师提前两分钟告诉她或安慰她，然后她就能暂时放下手头的事情；也许需要在活动开始的时候就让她知道，这个活动持续多久以后就会转入下一项活动；也许老师需要告诉她每天的活动流程，这样她就会知道接下来要做什么。

　　3. 帮助你女儿在家中和幼儿园里调整压力。幼儿园的环境很有挑战性，你女儿只能通过专注于某件事情来控制自己。她不立刻回应老师，是因为面对这个紧张的环境，接受新命令就意味着削弱她的自我控制能力。与老师建立更好的关系之后，她会更加积极地取悦老师，但我们仍然需要帮助她控制自身的压力和情绪。

　　怎样做呢？

　　首先，如果老师能够找到其他方法来增强你女儿的掌控意识，她就无须通过违抗老师来确立自己的掌控权。这也会消除潜在的对抗。

　　你可以建议老师在提出要求时给你女儿提供几种选择：

　　　"你愿意现在清理彩笔，洗手吃午饭呢，还是要等两分钟，等午饭铃响起的时候和大家一起去洗手呢？"

"你愿意自己将拼图放好呢，还是让我帮你放？"

让孩子自己选择，有助于增强孩子的掌控意识，这有助于他们调整自身的压力。固执的孩子尤其需要提供多种选择，否则他们就会固执地抗拒外部压力。请注意，所有这些选择都要合乎大人的心意。还要注意，太多的选择会让孩子感到茫然无措，所以只要提供两个简单的选择就够了。

其次，与女儿保持联结也有助于她控制自身的压力。在女儿每天放学后，务必专门花些时间来陪伴她，聆听她整天的情况，你们可以在下午3点吃点心，也可以在熄灯后长久地依偎在彼此身边。你也可以设法让她在白天的时候能够与你保持联结，比如将全家人的照片给她，或者将写有爱心小语的心形纸给她。

第三，要养成平和的家庭生活习惯。早早地上床，在清晨有条不紊地做好当天的准备工作；睡眠不足的孩子缺乏应对幼儿园生活的内心力量。也可以了解一下，看看你女儿对幼儿园是否有任何恐惧或担心。最后，要确保提前数分钟去接你女儿放学，这样肯定会减少她的焦虑（迟到则必然会加重学前儿童的紧张情绪）。

总而言之，这三个原则——强化你女儿与老师之间的关系，和老师共同帮助你女儿适应变化，减少你女儿的压力——将有助于你女儿应对课堂上的各种要求。希望你女儿在幼儿园中生活得开心顺利！

劳拉博士

24

如何阻止孩子在学前班咬人？

亲爱的劳拉博士：

我的儿子 3 岁半，目前每周在幼儿园待 4 个半天。如果其他孩子侵占他的游戏空间、碰倒他的玩具或推搡他让他感到沮丧，他就会咬其他孩子。这种事总是发生在自由玩耍时间，当时房间里非常拥挤和嘈杂，他受到的刺激太大。

我们再三给他讲道理：咬人绝不能解决问题，感到沮丧的时候，他应该好好说，或者去找老师。但本学年他已经咬人 3 次了（咬了两个孩子）。我们应该怎么办呢？

一位焦虑的妈妈

年幼孩子咬人完全是正常的，因为嘴巴是最早发育成熟的身体器官。因此，当其他孩子侵占你儿子的游戏空间、碰倒他的玩具或推搡他的时候，他的身体就会感到无比紧张，并通过嘴巴表现出来。这当然会让其他孩子感到疼痛，教师感到泄气，父母感到难堪，更不用说，我们的孩子其实并不想咬人。他出于绝望才做出了这种举动，其实是在寻求我们的帮助。

给他讲道理是个良好的开端，但是，在他面对紧张局面的时候，这对他可能没有太大的用处。你觉得幼儿园乐意尝试新办法来解决这个问题吗？幸好他们知道你儿子为何会咬人，因此干预办法是存在的：

1. 空间

自由玩耍时间，能够让老师帮你儿子找个偏僻的地方，以免其他孩子挤着他或碰倒他的玩具吗？可以让他平举胳膊，以此为半径，给他弄个私人空间。这个常规做法适用于学前班的所有孩子，但许多学前班并没有教孩子们这样做。当然，有些孩子并不在乎自己的私人空间，但你儿子不属于这种情况。

2. 声音

噪音可能让你儿子受不了。在自由玩耍时间，能够让他戴上耳罩吗？我知道这听起来很荒唐，但这也许能缓解他的紧张程度。还有个办法就是让老师播放和缓的音乐，让房间里变得安静些。有时候这能够改变整个氛围。

3. 盯梢

有些幼儿园会安排人员盯着喜欢攻击别人的孩子。这样做的目的不是监督孩子，而是在孩子感到不知所措时帮助他。不需要盯梢很长时间，通常几天时间就足以解决问题了。因此，如果幼儿园同意这样做，他们会安排助理教师坐在你儿子身边，留意其他孩子是否靠得太近。一旦出现这种情况，助理教师可以建议你的儿子伸直手臂，说："这是我的私人空间，我觉得太挤了，请你离开，好吗？"

如果这不管用的话，助理教师可以给予更多的帮助："嗨，小朋友，你好像有点担心和紧张……你害怕本会碰倒你的塔楼吗？看，我站在这里，不会让别人碰倒你的塔楼的。你现在可以做个深呼吸吗？很好，现在来呼气！这会让我们冷静下来。现在，我们怎样做才能保护好你的塔楼呢？我们可以要求本和詹姆斯站远点玩摔跤游戏吗？"

当然，虽然老师竭力帮助你儿子好好说，但如果她发现你儿子还是想咬人，她此时应该说："不能咬人！"并强行制止他咬人。可以将小型磨牙玩具给你儿子，我觉得这种做法很好，因为对年幼孩子来说，与其制止他们的冲动，不如加以疏导。甚至可以让他将这个玩具装在衣兜里，在他经历过这个咬人阶段以后，他最终会扔掉这个玩具的。

你可以编故事，讲述小动物们在被推搡或抢走玩具以后想要咬人，但最终控制住了自己，动口不动手。不妨让他们都说相同的口头禅，比如"不能咬人"。

你也可以扮演游戏：我们假装在上学。"假装你在玩耍，而我假装是撞到你身上的查理，你告诉我：'这是我的空间，查理。请走开！'。"

此外，积极表扬会非常有效，也许可以让老师当着你儿子的面，向你夸奖他，说他在表达自己的感受时能够做到动口不动手。由于他咬了 3 次其他孩子，这能帮助你儿子学会如何动口好好说话，这样，他就不再需要咬人了。随着时间的推移，你的儿子会开始意识到，运用言辞就足以保护自己了。每天都要开口祝贺你儿子在学校里没有咬人。你的关注会激发更多的积极行为（动口好好说），从而防止他咬人。希望这能帮到你。

祝你好运！

劳拉博士

第五部分　家有二宝

1

兄弟姐妹之间的年龄间隔几岁最好?

亲爱的劳拉博士:

作为母亲和心理学家, 你认为, 考虑到每个孩子的健康成长, 兄弟姐妹之间年龄间隔几岁最好?

凯莉

亲爱的凯莉:

对于人类来说, 这个问题出现得相对较晚, 这是因为, 如果不是孩子们开始使用奶瓶, 而且产妇可以摄入充足的食物, 女性的身体不可能在生产之后很快再次怀孕。事实上, 至少 3 年的怀孕间隔时间似乎是人类历史上的常态。

但现在, 妈妈们能够很快怀孕, 并且承担着为孩子们选择最有利于其身心健康的抚养方法的责任。

美国医学协会发表的研究(涉及 1100 多万女性)分析表明, 如果妈妈在孩子出生至少 18 个月以后再怀孕, 那么新孩子的身体会健康得多。很多研究表明, 女性在生产后整整一年通常会贫血, 因为孕期需要将铁分配给孩子和胎盘, 而且分娩时会失血。如果孕妇生产后不满 18 个月即再次怀孕，那么新孩子更可能患上各种分娩引起的并发症，如贫血、早产以及出生时重量不足。因此，为了让孩子从刚开始就拥有健康的身体，当前认为，妈妈们应在产后至少27个月之后再生产。

作为心理学家，我主要关注情绪和心理。一项著名的研究发现，孩子年龄间隔不到2岁，可能会对两个孩子都造成影响。特别是对贫困家庭而言，两个孩子都难以从母亲那里得到足够的照顾，从而无法建立孩子成长所需的亲密的母子关系。此外，很多研究声称，与上个孩子年龄间隔较小的孩子，经测试智力相对较弱。

在美国一项全国性调查中，田纳西大学的心理学家杰妮·吉德维尔对1700多个十几岁的男孩子进行了研究，结果表明，当孩子与最近的兄弟姐妹年龄相隔大约2岁时，这些孩子对于自我和父母的看法就更加负面。然而，如果孩子们的年龄间隔不足1岁或超过4岁，就不存在这种负面影响。她解释说，4岁以下的孩子尚未准备好与别人分享父母的爱，因此会对新来的弟妹产生强烈的憎恨情绪，并因为被"抛弃"而产生自卑。当然，如果孩子们年龄间隔不到1岁，较大的孩子也不会憎恨新生的孩子，因为他并没觉察到新生儿出生之前的时光。但这并不意味着，母亲充分满足了每个孩子1岁之前的需求。吉德维尔博士称，根据目前为止的全部联合调查结果来看，为了保护孩子的自尊、减少兄弟姐妹之间的争竞，理想的生育间隔时间是4年以上。

你问我，作为母亲和心理学家，我有何意见。我的意见如下：

在世界上某些地方，2岁大的孩子还被当做婴儿。通过观察，我清楚地看到，大多数妈妈很难同时照顾好两个孩子。我并不是说不可能做到，而只是说，这需要采取若干勇敢的举措，而且很难成功地满足每个孩子的成长需求。

从个人角度来说，我理想中的父母需要具有很好的标准，我觉得这需要保持好的心情，需要睡个好觉，而且需要比较祥和的家庭环境。我无法想象在我儿子年满3岁、变得更加独立之前再生一个孩子。我女儿是在我儿子4岁3个月的时候出生，那时，他已经在学前班有了自己的社交生活。尽管如此，他仍然经历了短暂的慌乱期，但他很快就恢复了正常，成为了宠爱妹妹的大哥哥。我女儿现在13岁，最近她说，我儿子是她见过的最棒的哥哥，他总是很耐心，从未伤害过她。

他们是否共同玩耍呢？不太多。年龄差异无疑产生了障碍，但他们也始终都拥有不同的兴趣。我仍然记得，儿子试图教妹妹建一座塔，但最后他沮丧地说："妈妈，她用木块搭成了一座房子。"我认为，孩子们是否能够成为玩伴，这取决于他们的脾性、性别、兴趣以及年龄间隔。研究表明，同性别、年龄相近的孩子更容易共同玩耍，但他们也可能彼此竞争不断。

在我出生时，我哥哥只有1岁半，他很难接受我的降生。我和他争斗不断，他经常打我。我的弟弟比我小2岁，尽管我们年龄相近，但我们从不共同玩耍。我丈夫比他的兄弟姐妹小四五岁，与我们相比，他们成年后关系更亲近。所以，你可以看到我的倾向性。与我们的孩子可能面临的大多数其他风险相比，我们通常能够控制孩子之间的年龄间隔段。照顾孩子会让人疲惫不堪。如果你还要外出上班，能够分配给孩子们的注意力就更少了。

说了这么多，我必须要补充的是：这是个非常个人化的选择。我们有时候无法控制何时让孩子们出现在我们的生命之中。如果我们准备好将我们的孩子放在首位，我们几乎始终都能够成为足够好的父母。

我也认为，在生产期间让大孩子待在身边（从而避免在生产期间与之分离）、手足哺乳（同时母乳喂养兄弟姐妹）、和所有孩子同室而睡，以及来自大家族的支持，都有助于保护较大的孩子，以免他们觉得自己的地位被年龄相近的弟妹所取代。

我认识许多很优秀的妈妈，与我的孩子们相比，他们的孩子年龄间隔小得多。如果全家能共同面对这个挑战，并能够给予每个孩子足够的关注，我完全支持那种选择。我只是希望他们全然明白自己的选择意味着什么！

劳拉博士

2

如何帮助孩子适应弟弟妹妹的到来?

亲爱的劳拉博士:

　　我快要生孩子了。我们已经有一个 5 岁的女儿和一个 2 岁的女儿。5 岁的女儿对此很兴奋,我们也能够很好地与她相处。但我们 2 岁的女儿,已经开始懂得嫉妒。我们该怎么办?

——一位多子女妈妈

　　2 岁的幼儿会嫉妒,这很正常。事实上,我怀疑这世界根本没有任何 2 岁的幼儿在新弟弟妹妹出生时不会心怀嫉妒。在生孩子期间,你务必确保 2 岁的孩子不会感到自己被抛弃了。妈妈不见了,去医院了,这对幼儿来说常常会造成创伤,这让他们在妈妈和新生儿同时出现的时候,不太欢迎弟弟妹妹的到来。

　　如何在孩子出生后尽量减少兄弟姐妹之间的对立?

　　1. 让爸爸将婴儿抱进门,并介绍给 5 岁大的孩子。你则直接走向 2 岁大的孩子,把她抱起来,甜蜜地拥抱和亲吻她。

　　2. 让孩子成为婴儿(以及她自己)眼中的英雄。列出你认为她所具备的全部优点，她的弟弟（妹妹）也将知道姐姐的这些优点。当你有时间与两个较小的孩子独处时，把2岁大的孩子叫过来，让她依偎着你和婴儿。告诉婴儿，这个姐姐很棒，你希望婴儿能够以她为榜样。

3. 确保两个孩子都知道，他们在家庭中承担着重要角色。强调他们的所有优点以及他们对家庭的贡献。"杰丝，谢谢你这样帮助我"或者"萨拉，你真让我开心"，这些话指明了他们的具体贡献，帮助孩子培养自我价值感，让他们明白自己为何是家庭中的重要成员。经常告诉他们，每个家庭成员都有其自身的重要性，都做出了特有的贡献，家庭的完整离不开每个人。

4. 你2岁大的孩子自然会试探你，看你是否还爱她。尽量与她保持良好亲切的关系，避免权利斗争并尽量减少冲突。但要坚持你惯常的界限，这会让她感到安全。我所说的界限并非惩罚，后者常常会导致事与愿违。设置界限，如按时就寝、不许打架等，带着爱意去执行。

5. 不宜要求你2岁大的孩子乖巧听话。尽可能推迟如厕训练和断奶等。如果她晚上频繁醒来并要你安慰她，而你因为照顾婴儿而无法满足她的要求，那么，请让爸爸去安慰她，哄她入睡。她可能会退化为婴儿状态，要任由她这样做，给予她更多的爱和关心。

6. 尽量让孩子的日常作息时间与婴儿出生前保持一样。这将缓解太多改变带来的压力以及不安全感。

7. 不要让2岁大的孩子和婴儿单独相处。不能指望2岁大的孩子控制自己的嫉妒情绪。要密切注意。尽量不要责备她。如果你注意到她变得狂暴起来，要赶紧把婴儿移走，并通过提问、唱歌或讲故事转移她的注意力。

9. 不要什么事都围着婴儿转。保持你们私密的说话时间。不要说"我安顿好孩子以后再来帮你"，而要说"我忙完手头的活儿以后就来帮你"。

10.（和孩子）一起阅读关于孩子如何与新生弟妹相处的书。借此观察你孩子的情绪。你的目标是，让孩子学会表达自己的情绪，因为这样有助于她管理情绪，而不是发泄情绪。直接说："我知道，你需要我的时候，我却忙着照顾孩子，这让你不好受。"或跟她共情："小宝宝很麻烦，是不是?！"

11. 尽量每天都花时间与两个较大的孩子单独相处。当还有其他成人在场的时候，让他们抱着孩子，你则搂抱着两个大孩子。当你坐下来给婴儿喂奶的时候，请她们进行读书游戏。她们将会期盼这种时间的到来。

顺便要说的是，你5岁大的孩子对于新生儿会有很多自身的感受。让她也参与照顾婴儿，是个不错的主意！

祝福你和你的家人！

劳拉博士

3

2 岁的孩子因为妹妹的出生
变得很缠人，怎么办？

亲爱的劳拉博士：

　　凯是我的儿子，现在 2 岁 2 个月大。玛琳是我的女儿，现在
4 个半月大。

　　直到大约一个月之前，除开偶尔闹闹脾气，凯都生活得无忧
无虑。然而最近，他老是喜欢黏着我，老是想让我带着他、抱着
他、照顾他，如此等等。

　　我非常肯定，所有这些现象都与玛琳有关。他喜欢她：他会
吻她，梳理她的乱发，想要抱她，和她玩耍。但是，我刚刚坐下
来准备给她喂奶，他就会说："不，妈妈！不要给玛琳喂奶。"接
着就开始抽泣。他也坚持要我替他做各种事情，尤其是换尿布。
如果爸爸想给他换尿布，他就说："不！我要妈妈换！"他寸步不
离我的身边，即便是我到浴室也不例外。你可以想象得到，我已
经精疲力竭，有时都崩溃了。

　　不管怎么说，我有如下问题想要请教你：

　　1. 你认为这种行为表明他由于玛琳的出生而缺乏安全感吗？

2. 你觉得这种状况可能要持续多久？请给我点希望吧！

3. 你能提供什么有用的建议，可以帮助我应对这种情况，安慰他并让他度过这个阶段吗？

顺便一提，玛琳是这个世界上最开心的孩子，照顾她非常轻松。我感到歉疚的就是，我没有如我所愿，给予她足够的关爱。但她似乎还不错。

博蒂

亲爱的博蒂：

首先，玛琳是个很开心的孩子，而且，你有两个健康而开心的孩子，这太好了！我赞同你的看法，凯目前的黏人是因为玛琳的降生。他可能会喜欢她，但与此同时仍然希望完全拥有你。当新孩子降生时，大多数孩子都会经历恐慌期，因此，凯的反应完全是正常的。

但是，即便没有新孩子的降生，这也是正常的发展阶段。从出生到成人期，我们的孩子会不断成长，变得越来越独立，但这绝不是线性的。这往往更像是前进两步，再后退一步。对于2岁2个月大的孩子来说，他在智力上已经足以认识到，他是个独立的个体，你不会永远陪着他。但他在情感上还非常依赖你，觉得他的人生还离不开你。他知道自己还很小，失去你会威胁到他的生存。可能在你眼中，他是个小男孩了，尤其是和他的婴儿妹妹比起来的话。但在凯自己的眼中，他仍然是个婴儿，像妹妹那样同等地需要你。

因此，就像每个孩子在成长过程中所经历的那样，凯正在经历很黏人的阶段，而且，这恰恰发生在他发现其他人在你怀中吃奶的时候。我们能够理解他为何会变得过度紧张，你又为何会觉得精疲力竭乃至于崩溃！

这个阶段会持续多久呢？这自然很难下定论，但是，当他习惯于新生孩子的存在，并认识到你依旧会像以前那样待在他身边的时候，他肯定就会放松下来。你可以给予他更多的安慰，以便帮助他成长，并有可能缩短这个阶段。这可能并不容易，因为你还有一个 4 个月大的孩子需要照顾。但是，如果你能先发制人，在他开口求索以前就主动满足他的需求，他就会不再这么难缠。

那么，应该如何实践这种做法呢？

1. 改变你的思维方式，从他的角度来看问题，他还完全离不开你这个"特殊人物"，极需要你。你可以在冰箱中备好他的奶瓶或杯子，这样，在玛琳想要吃奶的时候，你可以抱着两个孩子，迅速地取出他的奶瓶，然后坐在沙发上给两个孩子喂奶。

2. 提醒自己他现在害怕失去你，并尽力安慰他，你会始终陪伴着他。要离开他身边的时候（即便是孩子洗澡这样的小事，或我们因为忙碌而无法待在他身边的时候），首先要让他专注于其他人或事物，培养小小的脱身习惯，而不是忽然玩失踪。这样他就知道，他能够期望你回到身边。幸运的是，他已经能开口说话，你可以告诉他，"妈妈爱凯！妈妈总是会回来的"，以及诸如此类的话。

3. 让他明白，你很重视他的需求，除非他愿意，你不会强迫他长大。换句话说，不要督促他或斥责他，让他做个"大孩子"。而是抱着他并告诉他，他永远都是你的宝贝。只有在我们的依赖性需求得到满足以后，我们才能够超越它们。与此同时，如果他表现出任何独立自主的迹象，你都要给予积极的关注，从而强化这种趋势，跟他说："哇，你自己拿出了奶瓶！"或者"在我洗头的时候，你始终都坐在浴室门外，玩你的车子！你肯定觉得自己特别棒！"

4. 认可他对孩子的矛盾心情，这其实只是他担心自己的需求得不到满足。如果他说："不要抱玛琳，抱凯。"你可以说："我知道你希望我抱你，不要抱玛琳。"然后安慰他："别担心，我可以将你俩都抱在膝盖上。我爱你俩，我是你的妈妈，也是玛琳的妈妈。"如果他说："不要给玛琳喂奶。"你可以回答："你也想吃奶！每个人都需要吃奶。每个人都有奶吃。这是你的牛奶，这是玛琳的奶。"

5. 不要与他僵持不下，不要惩罚他。可以稍稍"宠"着他，让他决定谁来给他换尿布，诸如此类。在玛琳降生以后，他的世界就被颠倒了，但如果你能这样做，他会觉得他还在掌管自己的世界。

6. 每天都要花点时间单独陪他。幸运的是，玛琳似乎不是个很难照顾的孩子，因此你可以这样做。我觉得，要让孩子健康地成长，每天都应该花点时间单独陪伴每个孩子，这属于最重要的基本养育方法。现在，鉴于他害怕受到你的冷落，他每天尤其需要你能单独陪陪他，这样他就能觉得，这是你在这个世界上头等重要的事情（他肯定一直都是这样看待的）。

7. 安排好你的时间，轻松愉快地出门转转。这能帮助你静下心来，你就不会觉得自己被两个孩子的需求压垮了，这也能帮助凯了解每天会发生什么，并让他有所期待。最重要的是，这让凯有机会不再将眼光仅仅落在你和孩子身上，而能够和伙伴们玩耍。不要强迫他并将事情复杂化，就是很简单的出门玩耍，比如："周一我们去那个浅水池，周三我们去图书馆，周五我们去游乐场。"

我建议，除开照顾自己和两个孩子以外，所有其他事情都先缓上几个月。他俩现在都非常需要你，你的首要任务是保持精力充沛，并心情愉快地养育他们。下次凯闹脾气的时候，先来个深呼吸，提醒自己，你是他的世界中心，他迫切需要你的安慰，然后感恩自己拥有两个爱你的健康孩子。不要担心，一切艰难都会过去的。

劳拉博士

4

如何让姐弟俩停止争吵?

亲爱的劳拉博士:

　　我再也受不了了。我的孩子们（8 岁半的女儿和 6 岁半的儿子）始终都在争吵。一分钟前他们还是最好的玩伴，但转眼之间他们就会冲对方大喊大叫。我的女儿有时候会掐人、抓人、推人。我丈夫和我都不知道怎么办。当事情闹得不可收拾的时候，我们就会将他俩隔离开来，但接着，他俩又求我们让他俩共同玩耍。

　　如果你能提供任何建议和指点，我都非常感激。

特拉西

亲爱的特拉西:

　　大多数家长都觉得，孩子们之间的不和是最令人头痛的育儿问题，并觉得很难防止这种事情。

　　你可能会觉得，是否应该像许多专家建议的那样，让孩子们自己解决他们之间的冲突。我们几乎不可能弄清楚是谁最先挑起矛盾的，以及何种挑衅行为导致了报复，所以，裁决孩子们之间的矛盾反而导致更多的冲突。如果你偏袒了某个孩子，你就会增加另一个孩子的不满。

而且，我发现，在很多情况下，孩子们并没有解决他们之间的矛盾。相反，其中某个孩子会欺负对方并逃之夭夭。我显然不会允许这种行为，必要时会主动干预，防止这种情况出现。每个孩子都有权利安心地待在自己家中。

因此，我建议你记住，每个孩子都需要家长帮助他们学会化解冲突的社交技巧，这是其情商的重要组成部分。我们不能指望他们无师自通地学会这些技能。

既然你的孩子在被隔离以后请求你让他们重新共同玩耍，这就是你解决这个难题的最佳时机。显然，他们希望和对方玩耍，只是他们会陷入冲突之中，不知道如何化解冲突。

首先，我们来谈谈减少兄弟姐妹之间竞争和争吵的若干原则和做法。然后，我们来谈谈如何干预孩子们之间的冲突。

预防孩子们的冲突：

1. 充分关爱每个孩子，永远不要将孩子们彼此或与其他孩子做比较。如果孩子感受到爱和接纳，他们就不太可能挑起冲突。我发现，如果父母尽力与每个孩子度过特殊时光，兄弟姐妹之间的竞争就会急剧减少。

2. 确保每个孩子都拥有足够的私人空间。不应该让孩子分享每件东西，甚至是大部分东西。如果他们共用一个房间，看看是否能设法改变这种情况。如果不能的话，那就在地板中央划上横线并摆上家具，隔离出两块独立空间。

3. 将又累又饿的孩子分开，避开任何冲突诱因。例如，在车中尽量将两个孩子隔开。如果他们必须紧邻对方坐下，那就让他们有事可做。看看你能否帮助他们彼此合作。例如，对他们说："要在车里坐这么久可能很难受，我们现在来看看，能否开心地解决这个问题。你们可以成为队友吗？你们可以共同想办法，让车中的每个人都感到开心。"

4. 不要安排年长的孩子照顾或监督年幼的孩子。如果大孩子想执行家规，那就说："谢谢，宝贝儿。很高兴你了解，并能够很好地服从规矩。但这件事应该由家长来做。"

5. 秉承双赢的理念，教给孩子们基本的谈判技能和问题解决技能：轮流玩、分点心（由某个孩子来分成几块，然后由其他孩子先挑）、公平交换、先予后取（我们首先玩你喜欢的游戏，然后多玩会儿我喜欢的游戏）。

6. 树立良好的榜样。这意味着尊重每个人，包括你的孩子。不要因为别人让你堵车而发火，不要私下贬低你的配偶，不要冲孩子大吼大叫。在家中确定互尊互重的原则，表达期望。如果有人忘记了这些原则，直呼家人姓名或行为无礼，他们就需要弥补自己所造成的伤害。让孩子知道我们可以表示异议，即便我们很生气，我们也始终有办法尊重他人。

7. 帮助孩子们成为队友。通常我不愿意奖励孩子们，但是，我会寻找各种机会来奖励孩子们之间的合作。你也许可以试着准备一个"合作罐"，每逢你观察到孩子们善待对方（包括和和气气地玩耍）之时，就在里面投个硬币，通过这种方式来避免孩子们之间的不和，让他们彼此成为搭档。每逢孩子们发生冲突时，就取出一枚或几枚硬币。如果他们恰当而礼貌地表达了自己的感受，他们就能赢得硬币，因为这对孩子们来说尤为困难。由孩子们（共同）决定如何花这笔钱。

8. 体谅孩子对对方的感受，但要对行为确定明确的界限。要认可孩子的这些感受，人类有权表达这些感受，就像我们有权支配自己的双臂和双腿。但是，所有人，甚至包括小孩子，不管利用双手双臂或出于感情冲动做出什么行为，都应该为此负责。"你的弟弟弄脏了你的东西，这让你感到非常生气。你可以开口告诉他你的感受，但我们不能打人。""你希望像姐姐那样，多待半个小时以后睡觉。等到你进入三年级以后，你也可以这样做。你嫉妒姐姐的时候可以告诉我，但你不能弄乱她的房间。"

9. 教导两个孩子学会健康的自我管理技能。这可能并不容易，我们大多数人在童年时从未学过如何调整自己的情绪，因此，我们可能无法给孩子们做出良好的榜样。在他们心情平静的时候，可以和孩子共同玩个游戏，列出化解怒气的健康办法："敲鼓""在日记中写下你有多么生气""在后院挖个洞，将愤怒埋进去""深呼吸，从10数到1""告诉大人""戴上耳机，大声放音乐，并随音乐跳舞""踢足球"。在讨论中明确表示，打人、抓人、掐人都绝对是不得体的行为。将这个清单贴在冰箱上，在你生气时就当着孩子们的面阅读它，并以身作则，加以运用。

10. 要想管理情绪，首先就要教他们分辨情绪。在你的日常生活中，留意孩子的情绪，客观公正地谈论情绪，"你非常努力，结果却失败得那么惨，这非常令人泄气。难怪你会生气""我不知道，当你的朋友和那个孩子玩耍的时候，你是否会嫉妒"。不要觉得你需要解决他们的问题或说服他们消除各种情绪，只要接纳他们的情绪即可，这样他们也会接纳自己的情绪。

11. 教孩子们认识到，愤怒源于受伤或恐惧。要想化解怒气，就应该承认隐藏在愤怒背后的情绪，而不单单是分辨愤怒，后者似乎只会强化怒气。"我知道你对吉米非常生气。我不知道，当他说你的想法很傻的时候，你是否受伤了。"

当孩子说"我恨她"的时候，这甚至更加重要，因为憎恨不是某种感受，而是某种立场。你可以说："你刚才对你姐姐非常生气，觉得自己非常恨她。现在我们去告诉姐姐，她打你的时候你非常疼，你也感到非常生气，甚至都不想再跟她玩了。"

12. 培养孩子的同理心。谈论其他孩子的感受，"看迈克尔，他在哭，我想他觉得自己受伤了""那个小女孩肯定很生气。我在想她为何生气呢？""尼拉很痛苦。我不知道，我们能不能设法帮帮她，让她感到好受些"。最重要的是，你要体谅孩子们的感受，这才能奠定他们对别人的同理心。

13. 和孩子共同研究如何设法消除他人的怒气，和平解决冲突。例如，写出这些语句（要承认他们的看法；表达你的需要，而不要攻击他们；要尊重他人；不要岔开话题，扯起以前的冲突），将它们的清单贴在冰箱上。

14. 和"打手"私下谈谈。她为何对弟弟那么生气，以至于要伤害他呢？她害怕弟弟得到父母更多的关爱吗？或者她只想随心所欲，打弟弟的后果目前还无法让她住手吗？

8 岁的孩子应该能够克制住自己的脾气，但与此同时，这个年龄的孩子往往喜欢打兄弟姐妹，即便他们从来不会打其他人。帮助女儿学会正确地消除自己的怒气，表达她的感受并体谅她，但也要提醒她，她已经长大了，年长的孩子享有额外的特权（比如就寝较晚），同样，他们也承担有额外的责任，爱护弟弟妹妹。告诉她，如果她需要你帮忙化解姐弟俩的冲突，她可以叫你。平静而坚定地告诉她，你希望她能克制情绪，对弟弟生气时动口不动手。

15. 向孩子示范你是如何化解冲突的。与流行的错误看法相反，斗争永远不能积极地解决问题。相反，先让自己冷静下来，并决心保持冷静的心态，然后承认对方的观点，表达你自己的需要，并详细讨论各种问题。

16. 努力营造彼此感恩的家庭氛围。每天吃晚餐时，让每个人在每个家人身上至少发现一件值得感恩的事情："我感谢吉利安帮我完成家庭作业""我感谢妈妈和我玩游戏""我感谢爸爸做了我最爱吃的饭菜""我感谢丹妮没有在我朋友们过来玩的时候打扰我"。

17. 记住他们还是孩子。不能仅仅因为她打弟弟就以为她会持斧行凶。当然不能允许孩子伤害其他人，但这并不是说，你不信赖他们。"每个孩子有时候都会对兄弟姐妹生气。当你长大以后，你就很容易记住如何在生气时克制自己，这样你就能解决冲突。"她需要你告诉她，她不是个坏孩子。

干预冲突：

1. **保持镇静**。研究表明，如果父母想要帮助孩子学会管理情绪，最重要的就是自己保持镇静。如果你能从容不迫地安慰孩子，他们自己就会逐渐学会保持镇静。

2. **不要偏心**，或担心谁首先惹起了事端。干预时要平等对待他们。

3. 做出文明有礼的榜样。

"我们家里的规矩是……"

"我们要彼此友爱，彼此尊重。"

"我听到有人在尖叫，有人受伤了。这是不尊重他人的行为，是不允许的。"

"现在你俩能解决这件事情吗？或者，你俩需要慢慢冷静下来？"

4. 制定基本规则。如果他们请求你让他俩继续玩耍，那就提醒他们，如果你不得不再次干预，他们就会被分开，各自冷静下来。

5. 传授谈判技巧。你的孩子们真心希望共同玩耍，他们只是不知道如何化解冲突（我知道许多已婚夫妻存在同样的问题）。你的任务就是教会他们。因此，如果他们不是太生气的话，那就适时介入进来，向他们示范如何化解冲突。

6. 如果有孩子过于生气，无法在此刻解决冲突，那就将他们分开。如果可能的话，最好是让他们当着对方的面向你倾诉。但是，如果某个孩子过于生气，对另外那个孩子恶言相向，那就最好暂时将他们分开。

有些妈妈会将孩子们送回各自的房间，但许多孩子很难接受这种"流放"。如果你确实需要将某个孩子单独关在房间里，那就陪他进入他的房间，倾听他的委屈。

如果他们此时恳求你让他们共同玩耍，那就说："我们都需要 15 分钟冷静下来。当你生气的时候，你的身体就会准备战斗或逃跑。我们都需要让自己冷静下来，以便我们能解决问题。在冷静下来以后，你俩就会互相尊重，并能解决这件事情了。"

7. 如果某个孩子（或双方都）非常生气，在冷静期无法冷静下来，那就建议他（她）采用其他办法来消除怒气（此时要将他们分开）："我知道你很生气，但我们不能打人。要好好说话。你可以用这支笔在这张纸上画画，让我知道你有多么生气。你可以到浴室中关上门，大声说你有多么生气。你可以用力将枕头扔在沙发上。但不能打人，不能伤害人。"

8. 如果某个孩子确实受到了伤害，那就体贴地包扎他（她）的伤口。跟他（她）说："天哪，这肯定很疼。"但是不要论断谁对谁错，克制自己，不要愤怒地指责打人的孩子，只要忽略他（她）即可。如果你们在私底下，例如在浴室里包扎伤口，你可以让受伤的孩子大发脾气并体谅他（她）的感受："他（她）确实伤害了你的感受和你的身体。你非常生气。"

9. 在每个人都冷静下来以后，将孩子们聚集起来。帮助他们表达各自的感受："吉登想要换个游戏玩耍，这惹得你非常生气。"问每个孩子觉得对方会怎样想，以此来培养他们的体谅能力。帮助他们表达各自的感受和需要，倾听对方的话语，并找到双赢的解决办法。

随着时间的推移，孩子们就能好好说话，自己解决冲突。让他们向你描述刚才发生的事情（我们想要换个游戏玩耍），并告诉你，他们下次打算怎么做（我们会抛硬币决定，或者每个游戏玩半小时）。

劳拉博士

5

怎样给两个孩子立家规?

亲爱的劳拉博士:

  我有两个儿子,一个 8 岁,一个 3 岁。我们很少设立规矩,结果我发现,我们总是会因为刷牙、梳头、坐在餐桌边吃饭等各种问题发生争执。我现在应该怎样着手建立规矩呢?这样肯定会导致争吵,我应该怎么办呢?

塔米

亲爱的塔米:

  下面是我的若干建议:

  1. 每次只改变某个特定时间段的活动安排。我总是从晚上开始,因为这样一来,第二天早上就会井然有序。

  2. 要让孩子尝到甜头。例如,他们可以和你单独相处片刻时光。

  3. 提出坚定的底线。谁在什么时间必须上床,谁先洗澡,大家一起听睡前故事还是单独听?然后给你的孩子若干选择权。

  4. 将双方同意的书面作息时间表张贴出来,贴上每个孩子做各项活动的图片。促使他们遵守作息时间表，这样你就不必不停地催促他们。

5. 连续两个月每天都采取相同的惯例，此后孩子们就能养成习惯，主动遵守作息时间，按时刷牙等。最后要说的是，如果不管他们反应如何，你自己都能保持非常积极的心态，那么，效果就会好得多。你可以聆听他们的辩解，但只要你不回应，就不会导致争吵。你只需要体谅他们的不快，并强调你的界限："我知道你不想刷牙，不想准备上床睡觉。你玩得正高兴。但看看我们的作息时间表——现在是晚上 7:30，这表示你该准备上床睡觉了。谁先做好准备，谁就可以先依偎在妈妈身边。"

劳拉博士

6

如何为不同年龄的孩子设置日常惯例?

亲爱的劳拉博士:

    我发现自己遇到了麻烦,无法为我的两个孩子培养固定的习惯,他们俩相差 7 岁,而且性别不同。我怎样才能制定出适用于每个人的固定习惯呢?我知道这有助于培养孩子的自信心。迫切希望得到你的帮助!

维罗妮卡

维罗妮卡:

    固定习惯的确有助于孩子感到更安全。此外,它们还有很多其他好处,比如,帮助孩子学会合作和培养责任感。

    可以首先从睡觉习惯入手,因为它们对孩子来说意味着巨大的奖励:你有时间陪伴他们每个人。这也意味着孩子们乐意接受你采纳的新的固定程序。你可以向他们解释说,你希望确保每天都能开开心心地陪伴他们每个人。

    他们年龄不同,他们要做的事情也不同,但你的整个家庭仍然可以具有固定的程序。

　　怎样建立固定习惯呢？确定每个孩子的上床时间，然后倒推，想想他们各自在各个时间点应该做什么。然后，将新的作息时间表打印出来，张贴在靠近他们卧室的洗手间门上以及冰箱上。还要贴上孩子们从事各种活动的图片。大多数孩子喜欢参与制定时间表和粘贴照片，这有助于提高他们的主人翁意识。

　　你的时间表大致可以安排成这样：

　　6:00　家庭晚餐

　　6:30　所有人共同清理餐桌，所以有 5 分钟的嬉闹时间。从事各种能够逗孩子发笑的身体活动，减少他们血液中的应激激素水平，让他们更容易睡着。和他们嬉闹也有助于他们与你建立联结，这样他们也会更加乐意合作。

　　6:45　先给 3 岁的孩子洗澡，然后给她刷牙、穿睡衣、讲故事。在这段时间里，你得为较大的孩子找点事情做，并经常去查看他。对较大的孩子来说，这通常是很好的放松时间，他可以在自己的房间里安静地玩耍。

　　7:15　10 岁大的孩子洗澡、刷牙、换睡衣、在床上读书。

　　8:00　3 岁的孩子熄灯睡觉。（假定你孩子早上 7 点起床，白天还会小睡，那么，11 个小时的睡眠时间差不多够了。但如果有哪个孩子需要你唤醒他，那就表明他们睡得不够。）

　　假定你 10 岁的孩子早上 7 点起床，他仍然需要 10 个小时的睡眠，假定他需要花半个小时才能睡着，那么，他需要在 8:30 关灯。利用 8:00-8:30 这半个小时和他培养感情，给他读故事（即便他自己会读）。这是在培养亲子关系，对他的智力发育有利，与他自己阅读相比，这样做更有利于他将心情平静下来。陪他躺在床上，回顾他当天的生活。拥抱他，给他唱歌，熄灯之后再逗留几分钟。如桑迪·萨索拉比所说，在这个时候你会看见你孩子的灵魂。

这样的睡前程序有很多优点：

1. 你有专门的时间分别与每个孩子培养感情，你的孩子也会盼望这个时刻。随着孩子逐渐长大，这种做法仍然很重要，因为你 10 岁大的孩子因此有机会向你讲述他所遇到的困难，他会觉得你在倾听他的心声。

2. 每个孩子都会因为这个可靠、可预测的睡前程序而获得安全感。研究表明，这样能够让家里的每个人都睡得更好，孩子也会更加快乐，更有安全感。

3. 随着你的孩子长大，他们会懂得照顾自己：给自己洗澡刷牙，因为你帮助他们养成了这种习惯。

4. 教孩子们整理书包和预备第二天的服装。这样做非常有价值，不仅会让大家在第二天早上更加从容不迫，还有助于他们变得更能干和独立。

5. 在制定固定程序并附上相应的时间以后，你就不必扮演逼他们睡觉的恶人了。你只是依照时间表行事而已。

6. 在年幼时养成定点睡觉的习惯，有助于孩子在进入青春期以后考虑需要睡多久才能保证身体健康。他们更可能获得充分的休息。

7. 以洗澡和阅读为主的睡前程序，能够让孩子平静下来，让他们更快入睡。这样他们就不会难以入眠（很多孩子说自己不困，但他们实际上是过于兴奋）。如果在睡前程序中纳入阅读时间，让孩子晚睡片刻，这就能帮助孩子养成阅读的习惯。

将新的固定程序实施几个月，然后，每个人都能在第二天早上顺顺利利地出门。然后，你会惊奇地发现，每件事情都变得顺利多了。

劳拉博士

7

如何帮助继女准备好迎接弟弟（妹妹）的降生？

亲爱的劳拉博士：

　　我的丈夫与前妻有个 8 岁的女儿，孩子和她妈妈住在一起，周末或放假会来我家。我将在 10 月生产，当我们提及小孩子的话题时，她的反应很不好。她妈妈对她说过，有了小弟弟或小妹妹，爸爸就没有时间陪她，也不会再像以前那样爱她了。

　　我希望她能接受弟弟妹妹的到来，知道爸爸仍然爱她，我也会永远爱她。我该怎么做呢？

JH

亲爱的 JH：

　　首先，恭喜你怀孕了！你对于 8 岁继女的关心，非常可贵。希望我能给你一些有用的建议。

　　如果你们决定告诉她新孩子的事，应该在周末拜访之前告诉她，让她有时间在周末表达愤怒和悲伤。重要的是告诉她，你们爱她，而且知道她会成为所有小孩子都仰慕的、了不起的大姐姐。同时告诉她，多数孩子都会怀疑，父母有了新的孩子以后就不会像以前那样爱他们了，要宽慰她，你非常爱她，并将永远爱她。要倾听——真正地倾听她的感受，让她知道你接受她的感受，就算你不一定认同她的感受。如果你知道胎儿的性别，就可以称之为"你妹妹"或"你弟弟"，这会让她觉得这个孩子属于她。

你们可以通过蜡烛来示范：

父母双方各拿一根蜡烛，点亮，然后给她一小根蜡烛，让她从你们的蜡烛上点亮，然后将你们的蜡烛举在一起，说"这是我们对你的爱"。然后，将所有三根蜡烛拢在一起，从中再点亮一根小蜡烛。向她指出，光非但没有减少，反而增加了。告诉她，爱就像烛火，随着更多的人加入家庭之中，烛火会更亮。

现在让你的继女参与到怀孕过程中来：

1. 尽量让她参与进来。例如，让她为育婴室、摇篮或某些衣服挑选颜色。参与越多越好。

2. 让她帮忙为孩子起名。事实上，如果你无法在两个很好的名字之间取舍，为何不让她来做出选择呢？她会为此感到非常骄傲，并因此期待见到她命名的孩子。

3. 让她感受胎儿。当胎儿开始踢妈妈肚子时，让她感受感受。让她向胎儿说话或唱歌，因为这样，胎儿就能听出她的声音。需要打包去医院的时候，让她帮你收拾行李。切记要带上她的照片，让新生的孩子能最早看到姐姐的样子。如果方便的话，让她陪你产检，让她听胎儿的心跳，她或许会喜欢，这种兴奋之情可能会感染其他人。

4. 马上为你们的三口之家营造特殊的家庭认同感。采用她来拜访时你们家常用的，在孩子出生以后很容易保留下来的那些习惯。例如，周五晚上吃披萨，或周六早上逛图书馆，或周末与她父亲去游乐场。以后能够轻易地让孩子融入这些习惯，这会让她觉得安全，知道"我们的家"始终会做这种特殊的事情。如果她清楚地感知到这种家庭生活，而不是觉得自己是个住在别处、会被新孩子取而代之的外人，她就会感到安全得多。

5. 和继女完成某种特殊事情，以便增加她的价值感。例如，和她一起为她制作一本生活相册，包括她婴儿时期的照片，直到你们现在的三口之家的照片。告诉她，她在照片中很可爱，她是个很棒的小女孩，她现在变得更漂亮了。

6. 你和她爸爸务必要多抱抱她，额外给予她很多的关爱。要意识到，她害怕失去自己的爸爸，这会影响到她的行为。因此，要执行你的基本规则，但与此同时，要安慰她并额外给予她大量的关爱，以此消除她潜在的恐惧感。

当孩子出生后：

1. 确保你的伴侣像往常那样花时间陪伴女儿。千万不要减少探访的次数，确保她有大量的时间与父亲单独在一起运动、游戏，或依偎在父亲身边。

2. 代表孩子买个精美的礼物，仔细包装起来，送给姐姐。

3. 孩子出生以后，立刻让丈夫打电话给他的女儿，告知喜讯，并尽快安排她来探视。如果可能的话，他可以说出她与孩子共有的某种优点，但仍然要温柔地暗示她是独一无二的，比孩子更加出色，例如："看来她和你长有同样美丽的黑色眼睛，不过她还是没有你漂亮——因为产道挤压，她的头形很奇怪，而且她长了婴儿痤疮。但我们仍然爱她，我们知道你也会很快来探视她的。"

4. 告诉她，孩子明显认得她的声音，喜欢她，而且已经开始仰慕她了。研究表明，当我们亲吻婴儿的头顶时，我们会吸入信息素，从而唤醒我们对婴儿的保护本能。只要你的继女愿意抱小孩子，就让她抱。当然，你得在旁边确保孩子的安全，她与孩子互动越多，她爱的天性就会越多显露出来。

5. 私下里请求祖父母和其他人对姐姐（而不是孩子）宠爱有加。你甚至可以请他们给姐姐赠送礼物，而孩子所需的全部东西可以由你自己购买。这可能显得有点多余，但在你照顾孩子的时候，这能让她找到值得高兴的事情，并且有玩具可玩，这会大有帮助。否则，她看着大量的礼物涌向孩子，不仅不能帮助你，反而会觉得被冷落。

6. 确保她拥有自己的空间，而不是与孩子共用一个房间。如果他们不得不共用一个房间，不要让孩子的东西占据她的地盘。

7. 鼓励你的继女坦诚地表达她的感受。现在她可能觉得孩子是个不可爱的讨厌东西，但是，当孩子开始对她微笑时，她可能就会转变。眼下，要让她表达自己的想法，理解其他人的感受，确认你对她的爱。

8. 如果她出现任何退步行为，不要紧张。她可能会感到慌乱，黏着她的父亲。可能会噘着嘴。可能会尿床。这都没有关系。要保持冷静，让她安心：你会永远爱她，孩子也会爱她。担心是正常的，但她会看到，根本就没有什么可担心的。这也会过去的。记住，把她当婴孩看待，有助于防止她出现退步行为。

9. 如果她向孩子撒气，你可以告诉她，你知道她嫉妒孩子，但你们家里绝对不允许出现伤害行为。你永远不允许别人伤害她，当然你也决不允许任何人伤害孩子。这会让她感到非常安心。她可以通过画画来表达孩子被送走了或任何其他内容，借此宣泄愤怒的情绪。每个人都有情绪，正如每个人都有胳膊和腿。即便只有 8 岁，我们也需要对自身处理情绪的方式负责。

深深祝福你和你越来越多的家人！

劳拉博士

图书在版编目(CIP)数据

劳拉博士有问必答:搞定父母问得最多的 72 个问题 /
(美)劳拉·马卡姆著;聂传炎译 . —— 上海:上海社会
科学院出版社,2016

ISBN 978-7-5520-1429-7

Ⅰ.①劳… Ⅱ.①劳… ②聂… Ⅲ.①婴幼儿—哺育—
问题解答②家庭教育—问题解答 Ⅳ.① TS976.31-44
② G78-44

中国版本图书馆 CIP 数据核字(2016)第 130637 号

劳拉博士有问必答——搞定父母问得最多的 72 个问题

著　　者:[美]劳拉·马卡姆博士(Dr. Laura Markham)
译　　者:聂传炎
责任编辑:李　慧
特约编辑:邓颖诗　殷　姿
封面设计:主语设计
出版发行:上海社会科学院出版社
　　　　　上海顺昌路 622 号　邮编 200025
　　　　　电话总机 021-63315900　销售热线 021-53063735
　　　　　http://www. sassp.org.cn　E-mail: sassp@sass.org.cn
印　　刷:北京凯达印务有限公司
开　　本:710 × 1000 毫米　1/16 开
印　　张:17
字　　数:220 千字
版　　次:2016 年 7 月第 1 版　2016 年 7 月第 1 次印刷

ISBN 978-7-5520-1429-7/G·562　　　　　　　　　定价:36.80 元